低空飞行器多源融合视景导航技术

胡华全　邹　玲　于荣欢　吴忠望　郝红星　编著

U0245702

北京航空航天大学出版社

内 容 简 介

本书针对动态复杂环境下低空飞行器(直升机、无人机等)操控的视景导航需求,充分利用我国遥感、导航、测绘、通信等领域卫星高速发展带来的信息优势,以构建满足低空飞行器遂行任务需求的可视化导航手段为目标,介绍基于卫星信息多源融合视景导航技术的相关研究,以提高低空飞行器在复杂气象和地形条件下执行多样化任务的能力,为低空飞行器三维模拟飞行、实时三维地形飞行辅助导航、目标引导等应用提供技术支持。全书共分为6章:绪论、多源卫星信息调度与管理、低空飞行环境高动态可视化表达、低空飞行器空间航线规划、基于视景的组合导航技术和视景导航仿真系统。本书针对低空飞行器(直升机、无人机等)的导航显示支持系统,介绍基于卫星信息的视景导航技术。它重点阐述多源卫星信息调度与管理、多源信息融合、飞行环境可视化表达、航线规划、威胁告警和目标指示等技术,构建仿真系统,提出相关技术解决方案。

本书可作为导航工程、信息与通信工程、系统科学等学科专业高年级本科生和研究生的参考书,也可作为科研院所相关专业工程技术人员的参考资料。

图书在版编目(CIP)数据

低空飞行器多源融合视景导航技术 / 胡华全等编著.

北京 :北京航空航天大学出版社,2025.2.

ISBN 978 - 7 - 5124 - 4553 - 6

Ⅰ. V448.23

中国国家版本馆 CIP 数据核字第 202487EW73 号

低空飞行器多源融合视景导航技术

胡华全 邹 玲 于荣欢 吴忠望 郝红星 编著

策划编辑 杨国龙 责任编辑 刘 扬

*

北京航空航天大学出版社出版发行

北京市海淀区学院路 37 号(邮编 100191) http://www.buaapress.com.cn

发行部电话:(010)82317024 传真:(010)82328026

读者信箱: qdpress@buaacm.com.cn 邮购电话:(010)82316936

北京雅图新世纪印刷科技有限公司印装 各地书店经销

*

开本:710×1 000 1/16 印张:11.25 字数:253 千字

2025 年 2 月第 1 版 2025 年 2 月第 1 次印刷

ISBN 978 - 7 - 5124 - 4553 - 6 定价:69.00 元

前　言

低空飞行器以其十分独特的功能、性能和应用灵活的深厚潜能,已经受到广大军民用户的青睐。然而,面对低空环境中复杂的地形地貌地物、多样化的不良气象条件、快速机动带来的环境飞速变化等飞行条件,低空飞行器(包括载人和无人)的飞行员难以"看清"所处环境,从而难以感知态势、作出决策并精准操控,无法确保飞行安全及圆满完成任务。

视景导航是指综合利用图形、符号、颜色、声音、文字等元素的可视化形式,为飞行员提供有关飞行过程、环境和任务的指示信息,以帮助其掌控飞行状态、规划任务实施过程,从而安全快速地完成既定任务。为了达成可视化的导航,通常利用在低空飞行器上安装的各类设备实现态势感知、参数显示、数据处理、场景再现、状态警示等基本的信息指示功能;同时,为了保证低空飞行器能够按照预定计划完成指定任务,还需要引入航线规划、辅助导航、敌我识别等技术支持。

本书针对低空飞行器的飞行特点,利用多源融合信息的可视化表达,以辅助操作人员对低空飞行器的动态进行实时控制,并确保飞行安全和任务完成。本书内容主要包括以下部分:

第一部分(第1章)介绍低空飞行器多源融合视景导航的基本概念、关键技术和研究现状等。首先,简要介绍低空飞行器的主要特征,界定了本书的研究范围;介绍了多源信息、信息融合、决策支持等概念,以及视景导航的相关概念。其次,从多源信息融合和可视化显示的角度介绍了相关的关键技术。最后,介绍了卫星导航定位系统、基于卫星信息的视景仿真与表现技术、综合卫星信息的可视导航技术、基于视景的低空飞行器导航技术等领域的研究现状。

第二部分(第2～5章)介绍视景导航技术的细节。第2章针对多源信息的调度与管理问题,介绍数据高效压缩、多分辨率无缝组织与索引、基础数据管理等技术。第3章介绍低空飞行环境的可视化表达,包括数据预取、动态调度、可见性裁剪、多视角集成显示等。第4章介绍空间航线规划,包括数据预处理、风险建模、航线规划算法、航线后处理等内容。第5章介绍视景导航信息显示、引导信息显示、风险预警和目标指示等内容。

第三部分(第6章)介绍视景导航仿真系统。它从系统架构、系统设计、系统实现、应用场景等方面介绍交互式可视化的视景导航系统。

全书由胡华全、邹玲、于荣欢、吴忠望、郝红星编写,并由胡华全统稿。成书过程得

1

到了吴玲达研究员的倾心指导,以及蒋杰、刘东、杨超、卞燕山、郝利云等专家的大力支持,在此表示感谢。本书相关技术研究获得装备预研项目(编号:513220206)资助,本书还获得国家社会科学基金项目(编号:2019 - SKJJ - C - 042)资助,在此表示诚挚的感谢。特别感谢北京航空航天大学出版社的编辑们,他们对待工作严谨细致、认真负责,确保了本书的顺利出版。

由于作者在理论、实践和技术方面的水平有限,书中错谬和不足之处在所难免,敬请广大读者批评指正。

编　者

2024 年 11 月

目　　录

第1章 绪 论

1.1 基本概念

1.1.1 低空飞行器

低空,通常指真高1 000 m以下的空间范围,是通用航空活动的主要区域,是国家重要的战略资源[1]。近年来,随着经济发展需要和安全保障技术进步,低空范围的上限有可能逐步提升到真高3 000 m[2]。在军用领域,低空一直受到高度关注,被称为"第五空间"。在民用领域,"低空经济"这一概念2021年首次被写入《国家综合立体交通网规划纲要》。低空经济是以有人驾驶和无人驾驶航空器的低空飞行活动为牵引,辐射多领域的综合性经济形态,核心是各种飞行器和各种产业形态的结合与融合,低空快递物流、旅游观光、应急救援、城市管理、航空运动等应用场景正在获得培育、丰富和拓展[3]。据记者不完全梳理,截至2024年5月底,已有北京、南京、安徽、深圳、苏州、沈阳、太仓、武汉、天津、山东、长沙、漳州等十余个省市,发布了围绕低空经济的相关行动方案或相关征求意见稿。重庆、安徽、江西共青城、苏州、广州、武汉、贵州等多个省市,陆续推出了低空经济产业基金,激励产业发展,其中总规模最大的达200亿元。

低空飞行常见于农林、航空运动、训练、旅游观光、广告飞行、应急救援、私人飞行、航空摄影、测绘等诸多领域。低空飞行器是由人类制造的能飞离地面且仅在低空飞行的飞行器的总称,具有体型小巧、操作灵活、动态性高、成本较低等特点。目前,低空飞行器主要有直升机、无人机(Unmanned Aerial Vehicle,UAV)、飞行汽车、浮空气球、固定翼、旋翼、三角翼、扑翼等类型。例如,农林类飞行作业通常使用固定翼和直升机,飞行高度一般在300 m以下;航空运动、训练、旅游观光飞行通常以直升机为主,兼有动力伞、三角翼,一般在1 500 m以下;广告飞行、航空摄影、测绘等以固定翼、直升机为主,一般在3 000 m以下。

低空飞行器面临的飞行环境通常比较复杂,主要体现在:需要适应平原、丘陵、山地等多样化的地形,需要适应河流、峡谷等多类型的地貌,需要适应风沙、雨雪等变化无常的气候条件,需要适应静平台和动平台上的安全起降,等等。以上多方面因素叠加在一起,导致低空飞行器对导航系统的依赖程度很高,除了对位置、速度、姿态等传统导航参数的要求之外,还特别需要高楼、山峰、电线、大树等现实威胁信息,以规避障碍,从而确保低空飞行器自身的飞行安全。

1

　　低空飞行安全问题一直是各方优先考虑的问题。美国国家航空航天局(NASA)成立了联合规划与发展专项办公室,推进无人机交通管理系统的研制与验证,并制定了《民用无人驾驶航空器系统融入国家空域系统路线图》为无人机/有人机的融合发展提供指引。欧洲航空安全局(EASA)颁布了《无人驾驶航空器运行规则框架说明》,提出了基于运行风险的态势监管技术框架。中国、美国、俄罗斯等国家的航空主管部门联合成立了无人机系统规则制定联合体,在无人机适航审定、指挥与控制、感知避撞等方面取得阶段性进展[3]。

　　低空飞行器有载人和无人之分。下面分别从这两个方面对低空飞行器的特点进行简要介绍。

1. 载人低空飞行器

　　载人低空飞行器主要是指传统的直升机,未来还可能有飞行汽车加入这个序列。直升机是低空领域的老牌飞行器,具有悬停、垂直起降、低空低速等特殊的飞行特性,承担着反装甲作战、近火支援、侦察、通信以及实施战场救护等后勤保障任务。直19直升机夜间起降训练如图1-1所示。若加装各种先进的侦察探测设备和电子对抗设备,则直升机还具备遂行信息战的能力,即在获取信息和电子对抗等方面发挥重要作用。

图1-1　直19直升机夜间起降训练[1]

　　直升机导航系统主要用于实时连续地确定直升机的位置、速度、姿态/航向,并引导直升机安全、准确地沿着预定的路线或轨迹准时到达目的地。同时,导航系统也向直升机飞控系统及相应的任务载荷提供所需的加速度、角速度、姿态/航向等运动信息,引导载机安全飞行、低空突防及完成各项预定的作战任务并安全着陆/舰。

　　直升机上常采用的导航系统一般包括惯性导航系统(Inertial Navigation System,INS)、卫星导航系统(Global Navigation Satellite System,GNSS)、多普勒导航系统(Doppler Navigation System,DNS)等,它们以单独或组合导航的形式为直升机提供导航定位信息。其中,INS因具备完全自主、输出参数全面等独特优势,通常作为直升机的核心导航设备。表1-1给出了国外典型直升机的导航系统配置,其中AH-64E还采用了改进的数字网络通信系统,新增了"联合战术信息分发"数据链,可远程遥控包括

MQ－1C"灰鹰"在内的多种无人机进行侦察及协同作战。可以预见,随着未来直升机任务使命的不断拓展,导航系统将会不断面临新的挑战。

表 1－1　国外典型直升机导航系统配置[4]

序　号	国家/地区	直升机名称	导航系统配置
1	美国	AH－64D/E "阿帕奇" 攻击直升机	双余度 LN－100 激光惯性导航系统; GPS 接收机; 多普勒雷达; 无线电高度表; 大气数据系统
2	美国	UH－60M "黑鹰" 通用直升机	双余度 LN－100G 激光惯性导航系统; 数字地图; 多普勒雷达; 无线电高度表; 大气数据系统
3	美国	RQ－8A "火力侦察兵" 无人直升机	惯性导航系统; 卫星导航系统; 光电/红外相机; 雷达测距仪
4	俄罗斯	卡－50 武装直升机	惯性导航系统; 地图显示仪; 多普勒雷达; 无线电罗盘; 无线电高度表
5	欧洲	"虎"式 武装直升机	激光惯性导航系统; GPS 接收机; 大气数据系统; 无线电导航仪; 自动定向仪; 数字地图; 多普勒雷达; 无线电高度表; 仪表着陆系统
6	欧洲	EH－101 多用途直升机	LINS300 激光惯性基准系统; LISA－4000 航向姿态参考系统; GPS 接收机; 多普勒雷达; 双余度无线电高度表; 大气数据系统

序　号	国家/地区	直升机名称	导航系统配置
7	法国	SA330	调频无线电罗盘； 高频无线电罗盘＋测距设备 DME； 无线电高度表

从表 1-1 可见,传统导航参数的获取主要依靠卫星导航、惯性导航、多普勒导航、高度表等单一导航手段及其组合导航系统来解决,威胁告警和目标指示能力有限,缺少视景导航技术的支持,且离不开飞行员在飞行器上的目视判断;而这些严重依赖于天气的能见度和飞行员的经验,存在较大安全风险。

2. 无人低空飞行器

无人低空飞行器包括无人机、无人直升机等装备。无人机是利用无线电遥控设备和自主程序控制装置操纵的不载人飞机。对无人机的研究可以追溯到 1914 年英军的"空中靶标"计划,而真正意义上的第一架无人机是 20 世纪 30 年代英国德·哈维兰公司生产的无线电遥控的全尺寸靶机"蜂后"。第二次世界大战后,20 世纪 50 年代,美国雷恩航空公司(Ryan Aeronautical Company)生产了高亚音速、喷气推进的靶机"火蜂",此后不断根据需求改进为"萤火虫""147A"等型号。中国于 1966 年 12 月完成第一架无人机"长空一号"首飞。

1976 年,无人机被用于引诱地面防空火力开火,发挥了佯攻功能。1982 年,无人机和有人机首次协同作战。1991 年,"先锋""指针"等无人机系统在战争中执行侦察、监视、散布传单、引诱等任务。在科索沃战争中,北约共计 200 多架无人机投入战争,是过往历次战争中使用无人机架次最多的一次,也是无人机发挥作用最大的一次,其应用价值获得广泛认可,这为无人机的快速发展提供了动力。此后,各国制造的无人机有近百种,其起飞质量从数千克到上百千克,航程从数千米到上千千米,飞行速度从大于100 km/h 到超声速。

20 世纪末,无人机发展掀起多次浪潮。在海湾战争后,全世界有 30 多个国家组建了无人机队,代表机型有:以色列的侦察兵(Scout)、先锋(Pioneer)、搜索者(Searcher),美国的猎人(Hunter)、先驱者(Outrider),法国的玛尔特(Mart),德国的布雷维尔(Brevel),加拿大的 CL-289,英国的不死鸟(Phoenix),意大利的米拉奇 26(Mirach 26),南非的探索者(Seeker)、秃鹫(Vulture),俄罗斯的熊蜂(Shmel)等。1993 年,美国启动了蒂尔(Tier)无人机发展计划。此后,长航时无人机获得发展,代表机型有:美国的捕食者(Predator)、全球鹰(Global Hawk)、暗星(Dark Star),以色列的苍鹭(Heron)、赫尔姆斯(Hermes),法国的鹰(Eagle)、萨若海尔(Sarohale)等。之后,小体积、低价格、良好机动性的无人机获得发展,用途极为广泛,代表机型有:美国的幻影200(Shadow)、火力侦察机(Fire Scout),奥地利的坎姆考普特(Camcopter)等。

21 世纪初,迷你无人机兴起。迷你无人机机型更加小巧,性能更加稳定,在航拍、娱乐、农林、巡检、物流等民用领域获得较快发展。2006 年,中国 DJI 无人机公司成立,位居消费类无人机市场前列。2009 年,美国加州 3D Robotics 无人机公司成立,主要制造 DIY 类遥控飞行器零件和无人机,代表产品有:2014 年推出的 X8+四轴飞行器、自拍无人机 Zano 等。无人机发展的主要趋势体现在提升通信技术、自动化飞行能力、任务载荷携带能力、隐身能力、操控性、续航能力、高度集成微型化等方面。

在民用市场上,无人机是低空经济战略性新兴产业的重要组成部分,得到地方政府和无人机运营相关方的密切关注,对无人机场景落地的期待和认可度越来越高,其原因在于此产业的发展能够为运营方和各地政府带来现实收益。在军用领域,无人机已经成为几乎任何军事冲突中不可或缺的一部分,并扮演着越来越重要的角色。在俄乌冲突中,双方均使用成千上万架无人机,其中既有军用无人机,也有原本以民用标准生产的消费型四轴飞行器,它们都被广泛用于探查非合作阵地、发射导弹和直接炮击,发挥了重要作用。作为微型机电系统(Micro - Electro Mechanical Systems,MEMS)的产物,无人机非常适合在城区、旷野、特殊环境等条件下执行任务,具有广阔的应用前景。

以上简要回顾了无人机的发展历史。从无人机的体形来看,无人机有大型、小型、微型等类别。大型无人机的尺寸较大,可以搭载更多、更重的设备,续航时间更长,飞行距离更远,例如,翼龙无人机(见图 1-2)总有效载荷能力可达数百千克。

图 1-2　翼龙无人机[5]

小型无人机是目前民用市场上的主流产品,也是研究重点。目前绝大多数小型无人机的导航位置精度平均值只有 1~2 m,精度偏低,无法满足某些特殊场景下的精度要求,而导航精度偏低主要由现有传感器误差所致。小型无人机受载荷能力和体积的限制,通常只采用体积小、质量轻、成本低、精度低的 MEMS 传感测量模块,陀螺仪积分获得的姿态角及姿态矩阵受到低精度陀螺仪漂移影响,使得导航算法解算出的姿态角发散较快,不准确的姿态矩阵又进一步影响速度和位置的解算结果。因此,导航精度无法得到保障。采用陀螺仪、加速度计、磁力计等多种器件构成组合导航系统,利用多传感器信息融合的优势,能够在一定程度上提升导航精度,满足小型无人机的精度需求。

无人机不需要载人操作,通常利用遥控器对它进行控制。导航系统是无人机的"眼睛",为了确保无人机自身的安全,需要通过多源信息融合获得更准确的位姿信息,判断出无人机与威胁风险点间的关系,并且要通过人机图形交互界面将上述信息实时、准确、清晰地展示出来,便于操控者能够直观地感知到无人机的飞行环境,给操控者以沉浸式的操控体验,实现操控者与无人机在感知层面达到一体化的良好效果。

1.1.2 多源信息融合

多源信息融合(Multisource Information Fusion)又称多传感器信息融合(Multisensors Information Fusion)。顾名思义,这个概念包括多源信息和信息融合两层基本含义,以及内含决策支持的融合目的。首先,多源信息的每个单一源可能具有不同的特性,包括时变/非时变、实时/非实时、确定/随机、精确/模糊、互斥/互补等,例如卫星导航和惯性导航就具有明显的互补特性,卫星导航可以在较长时间内保持稳定、精确,而惯性导航在短时间内稳定、精确,在长时间内存在误差发散现象。其次,信息融合将充分利用各方面信息,根据某种优化准则在一定时空上进行结合,导出更多有效信息,提高整个系统的有效性。最后,决策支持是信息融合的终极目的,是将信息优势转换成决策优势的关键一环。无论是人,还是人工智能时代中具有类人智能的机器,时时刻刻都在做出一系列决策。在某个具体的时刻,哪怕一个人选择什么都不做,"什么都不做"本身也是一种决策结果。用"输入(Input)—处理(Processing)—输出(Output)(IPO)"模型来看,决策就是输出,而且一旦做出决策,就成为唯一的输出。因此,自古以来,人们对于决策行为都格外重视,中国古代军事理论中有"上策""中策""下策"之分。当然,人们希望做出的决策都是"上策",这就需要在IPO模型中拥有多个独立的信息输入来源(也就是多源信息),并且在此基础上对多源信息进行融合处理,从而做出最优化的决策。

1. 多源信息

对低空飞行器导航问题而言,可用的信息源包括遥感信息、导航信息、地理信息等。

(1) 遥感信息

遥感(Remote Sensing,RS),即"遥远感知",广义上理解,包括一切无接触的远距离探测,比如对电磁场、力场、机械波(声波、地震波)等的探测。狭义上,遥感是应用探测仪器(如卫星载荷),不与探测目标相接触,从远处记录目标的电磁波特性,通过一系列转换和识别,得到可视图像的过程和技术。由卫星载荷获得的图像俗称"卫星影像",或者"卫星地图"。

按照遥感平台进行分类,有航天遥感、航空遥感、地面遥感等。其中,根据平台高度不同,航天遥感又包括轨道卫星、载人飞船、航天飞机、探究火箭等;航空遥感包括飘浮气球、系留气球、飞机(高空/中空/低空)等;地面遥感包括高塔、车船、观测架等。

按照遥感探测波段分类,有紫外遥感($0.05 \sim 0.38~\mu m$)、可见光遥感($0.38 \sim 0.76~\mu m$)、红外遥感($0.76 \sim 1~000~\mu m$)、微波遥感($1~mm \sim 10~m$)等。此外,还有多波段遥感,即探测波段在可见光波段和红外波段范围内,再分成若干窄波段来探测。

按照工作方式分类,有主动遥感、被动遥感,成像遥感、非成像遥感等。还可以按照应用领域分为军用遥感、城市遥感、环境遥感、资源遥感、海洋遥感、气象遥感、地质遥感、林业遥感、农业遥感等。

遥感影像应用价值的一个非常重要的判别指标是分辨率,包括空间分辨率、光谱分辨率、时间分辨率等。其中,空间分辨率是传感器对空间细节信息的辨别能力,指能够分辨的最小目标地物大小,是实际卫星观测影像中的一个像素所对应的地面范围。光谱分辨率是对影像中地物波谱细节信息的分辨能力,是卫星传感器接收地物反射波谱时所能辨别的最小波长间隔。当间隔较小时,光谱分辨率就会越高。时间分辨率是对同一地点的重复观测能力,俗称重访周期。重访周期越短,时间分辨率越高,对于地物动态变化检测等具有重要作用。

(2) 导航信息

导航(Navigation)是一种为运载体航行时提供连续、安全和可靠服务的技术。时间和空间是世间万物的天然属性,当人们讨论和描述世间任何一个事物时,总是明示或隐含着某一事物出现在什么时间、出现在什么地点等问题,时空问题是人类开展各种生产、生活活动和军事活动首先需要解决的基本问题。解决这些问题所涉及的技术统称为定位、导航与授时技术,有时又泛称导航技术[6]。

导航信息包括卫星导航、惯性导航、气压测高、地磁导航、地面无线网络定位、伪卫星定位、塔康系统、天文导航等。以北斗卫星导航数据为例,其广义上的数据来源途径包括北斗应用产品、北斗服务平台、卫星导航基准站、地基增强系统等。从内容上看,北斗导航数据包括北斗地基增强数据、车载终端数据、人员轨迹数据、交通导航数据等;从形式上看,北斗导航数据包括符号、文字、数字,甚至是语音、图像、视频等。

从导航传感器的角度看,原始数据主要是位置、姿态、速度等参数信息。例如,惯性导航系统主要是陀螺仪和加速度计,其中陀螺仪输出的是载体相对于惯性空间的角运动,加速度计输出的是载体相对惯性空间的比力(非引力加速度)。通过组合导航(例如GNSS 和 INS 的组合),可以输出高频率的导航参数信息,并且在长期、短期的导航过程中均能具备较高精度。组合导航通常基于滤波或优化算法,设计开环或闭环结构,采用松耦合、紧耦合或深耦合的组合模式,获得位姿的最佳估计结果。

(3) 地理信息

低空飞行器执行的任务通常与地面活动紧密相关,飞行高度较低,距离地面较近,必须充分利用地理信息,同时避免地面目标对飞行器造成影响。地理信息通常由地理信息系统(GIS)进行管理和提供服务保障。

地理信息系统以地理空间数据为基础,采用地学模型和数据分析方法实时地提供多种空间和动态的地理信息,是一种为地理研究和地理决策服务的计算机技术系统。从功能上看,地理信息系统的基本功能包括数据输入、数据编辑、数据存储与管理、空间查询与分析、可视化表达与输出等;从结构上看,地理信息系统包括系统硬件、系统软件、空间数据、人员信息、应用模型等部分。

地理数据(Geographical Data)是指各种地理特征和现象间关系的符号化表示,包括空间位置、属性特征、时态特征等。其中,空间位置数据描述地物所在位置,可以是在地参考系下的绝对位置,也可以是地物间的相对位置;属性特征数据是对地物特征的定性或定量描述;时态特征数据是指地理数据采集或地理现象发生的时刻或时段。

地理信息(Geographical Information)是有关地理实体与地理现象的性质、特征及运动状态的表征和一切有用的知识,是对表达地理特征和地理现象之间关系的地理数据的解释。地理信息除具有一般信息的特点之外,还具有定位特征、多维特征、时序特征等独有的特征。

2. 信息融合

(1) 基本定义

对信息融合的研究始于对指挥自动化系统中数据融合的军事需求。20 世纪 80 年代,美国 DARPA 成功研发出第一个实用的信息融合系统——全源分析敌情关联系统。此后,美国国防部将信息融合列为 20 世纪 90 年代重点研究发展的关键技术之一。世界上其他国家也对信息融合进行了大量研究并取得丰硕成果。然而,目前对信息融合还没有统一的定义。

按照美国实验室理事联合会(Joint Directors of Laboratory,JDL)从军事应用角度给出的关于信息融合的定义,信息融合是一种多层次、多方面的处理过程。它包括对多源数据进行检测、相关、综合和估计,从而提高状态和身份估计的精度,以及对战场态势和威胁的重要程度进行适时与完整的评估。

此外,也有专家认为对于信息融合还可以给出以下三种不同的定义[7]。

第一种侧重于信息表示的构架,认为信息融合就是从多种信息源(如传感器、数据库、知识库和人类本身)来获取有关信息,并进行滤波、相关和集成,从而形成一个表示构架。这种构架适合于获得有关决策、解释信息、达到系统目标(如识别或跟踪运动目标)、传感器管理和系统控制等。

第二种侧重于基于计算机的信息处理的理论和方法,认为多源信息融合主要是利用计算机进行多源信息处理,从而得到可综合利用信息的理论和方法。其中也包括对自然界中人和动物的大脑进行多传感器信息融合机理的探索。

第三种侧重于信息处理过程的时序和准则,认为信息融合是利用计算机技术对按时序获得的若干传感器(含软传感)的观测信息在一定准则下加以自动分析、优化综合,以完成所需的决策和估计任务而进行的信息处理过程。

人们认为,信息融合在信息源、融合架构、融合算法、可资利用的理论和方法、应用场景等方面均具有复杂性、多样性,因此,很难形成一个各方都认可的统一的定义。但是,这并不妨碍从复杂多样中形成一定的共识,也并不妨碍各取所需进行实际应用。只要抓住了信息融合的特点,达成对信息融合的准确理解就可以了。

(2) 通用模型

信息融合的模型包括 JDL 数据融合模型、Dasarathy 提出的 I/O 功能模型、Boyd 控制环模型、Waltz 提出的支持指挥和控制融合模型、Bedworth 的 omnibus 处理模型等[8]。其中,JDL 数据融合模型在实际系统中应用比较广泛,如图 1-3 所示。

在该处理模型中,包括以下四种处理过程。

第一级处理是目标评估,主要功能包括数据配准、数据关联、目标位置和运动学参数估计,以及属性参数估计、身份估计等。其结果为更高级别的融合过程提供决策

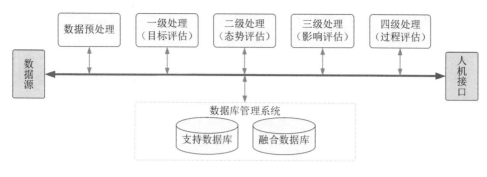

图 1 - 3 JDL 数据融合模型

支持。

第二级处理是态势评估,是对整个态势的抽象和评定。前者根据不完整的数据集构造综合的态势表示;后者实现对态势的标识和理解,输入包括事件检测、状态估计和假设条件,输出是考虑各种假设的条件概率。

第三级处理是影响评估。将当前态势映射到未来,对参与者设想或预测的行为影响进行评估。

第四级处理是过程评估。建立一定的优化指标,对整个融合过程进行实时监控与评价,从而实现多传感器自适应信息的获取和处理,以及资源的最优分配,以支持特定的任务目标,并最终提高整个实时系统的性能。

按照融合系统中的数据抽象的层次,融合可划分为三个级别:数据级融合、特征级融合和决策级融合。数据级融合是最低层次的融合,直接对传感器的观测数据进行融合处理,然后进行特征提取和身份识别。特征级融合是中间层次的融合,每个传感器先抽象出各自的特征向量,融合环节完成的是特征向量的融合处理,数据压缩效果好。决策级融合是一种高层次的融合,每个传感器先做出各自的决策,融合环节完成的是局部决策的融合处理。

根据融合处理场合的不同,信息融合从结构上可分为集中式、分布式和混合式。不同处理结构针对不同的加工对象。集中式结构处理的是传感器的原始数据;分布式结构处理的是经过预处理的局部数据;而混合式结构处理的既有原始数据,又有预处理过的数据。

3. 决策支持

信息融合是一个逐层抽象理解的过程。首先由底层传感器接收目标及环境信息,完成底层融合,产生较抽象的信息并逐级传往高层,最终为决策服务。

决策支持是高层融合的概念。从具体决策问题的需求出发,充分利用底层和中层融合所获得的信息与状态,构造合适的专家系统和知识库,生成适合决策的融合规则,分析现场态势、支持和辅助决策制定、评估决策和系统效能,为指控决策提供依据和支持。

信息融合对决策的支持通常包括两个主要内容:态势评估和威胁估计。态势的基本元素包括环境、实体、事件、分组、行动等方面,态势评估非常复杂,需要对战场兵力部署、战场环境、地理、气象、活动、意图、指挥员特点,以及政治、经济等全部信息进行综合分析和判断,最终形成敌、我、友等多方态势图。在此基础上,威胁估计利用产生的多重视图定量地判断威胁的来向和程度,包括非合作目标的威胁和己方的脆弱性与薄弱环节,对综合形成的致命性和风险要有直观的认知。以无人机的低空飞行为例,态势评估要对无人机所处的环境、位置、任务等做出客观的判断,威胁估计要对无人机自身的安全做出充分的估计,决策制定需要在此基础上完成航迹规划和路径选择等。

1.1.3 视景导航

面对纷繁复杂的数据和信息,对低空飞行器的飞行员来说,“看得清”很重要。“看得清”才能感知态势、做出决策和精准操控,确保飞行器安全,并圆满完成任务。这里的“看”,可以是飞行员在飞行器上看,也可以是操作人员在控制中心看。不管是哪种情况,要想“看得清”,离不开视景导航的支持。视景导航是对多源融合信息进行科学编排和图形化设计,以充分利用人类视觉感知能力实现信息高效传递的一种辅助导航方法。

古往今来,分析的终极目的是辅助决策。决策包含获得信息和做出判断两个关键环节。对于低空飞行器的飞行决策而言,视景导航既能提高获得信息的效率,又有助于以交互方式快速实现对假设的验证。在低空飞行器飞行过程中,需要持续考虑两个主要问题:一是确保自身安全,二是圆满完成任务。无论低空飞行器怎么发展,在确保安全和完成任务的过程中,人始终是低空飞行器控制链路的关键一环,只是在介入环节或者介入程度上存在一定的差别。人对低空飞行器状态的感知和控制决策,离不开信息可视化,离不开图形用户界面,离不开人机交互,而这些都是视景导航技术要探索研究的关键内容,相关技术框架如图 1-4 所示。

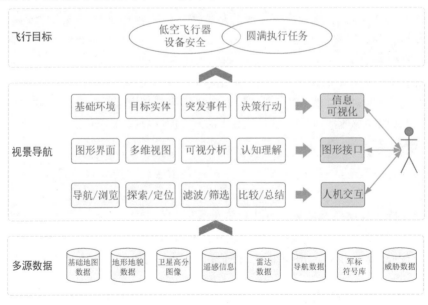

图 1-4   视景导航技术总体框架

1. 信息可视化

人的决策既不是完全理性的,也不是完全自觉的,每个人既受百万年来进化的直觉所控制,也被几千年文明史带来的理性方法所影响。在《思考,快与慢》一书中,作者丹尼尔·卡尼曼介绍了人类大脑双系统的判断和决策机制:"快思考"是系统 1,运用直觉进行思考,是无意识且快速的,不怎么费脑力,没有感觉,完全处于自主控制状态;"慢思考"是系统 2,监督系统 1 的运作,在自身有限能力下尽可能占据控制地位,通常与行为、选择和专注等主观体验相关联。

相对于理性的判断,人类在直觉思考方面的进化显然更久,而可视化的判断和认知是直觉思考(快思考)的重要分支。视觉感知系统是迄今人类所知的具有最高处理带宽的生物系统。人眼具有很强的模式识别能力,对可视化符号的信息获取能力远高于对文本和数字的直接识别。这是可视化的理论基础[9]。在数据爆炸的时代,由于要处理更多的外部信息,因此高效的可视化越来越重要。正如英国天文学家阿瑟·爱丁顿爵士所说:"在理想状态下,我们对宇宙的全部认识都可以只通过视觉获得。"

可视化是完成数据分析与业务决策相结合的关键技术。可视化在其中的作用体现为:可视化旨在利用人的视觉感知能力,强化人对数据的认知理解,是数据分析的核心技术之一;可视化的目的是洞悉事物的规律,包括探索、发现、解释、分析、决策、学习等,与数据分析和业务决策息息相关;可视化强调"认知回路",相比自动化方法的黑箱模型,可视化是业务用户进入大数据分析领域看得见、摸得着、直观易懂的道路。

信息可视化可以分为 3 个阶段:简单可视化、交互可视化和高级可视化。

简单可视化侧重于展现数据结果。重点是对基础环境、目标实体、突发事件、决策行动等内容,以数字、文本、符号、线条、坐标轴等可视化符号的形式进行排布,使用大小、位置、形状、颜色、折线图、条形图、饼图等人们清晰易辨的方式来传递丰富的数据内容。展现是可视化的起点。

交互可视化侧重于探索和假设。决策包括获得信息和做出判断,而做出判断依赖于广泛的假设验证,可以说,决策就是不断假设验证并做出最优选择的过程。以导航/浏览、探索/定位、滤波/筛选、比较/总结等操作为桥梁的多视图关联交互,可满足更多人和更多场景的需要。交互是可视化的关键。

高级可视化侧重于数据的相关性分析与深层次结构。相关性和结构不是一种简单的图形样式,也不是一种可视化分析样式,而是探索数据背后潜在逻辑关联的一种思考方法。在这种理念的指导下,有形的可视化符号只是一堆要素,交互手段也只是获取价值的工具和途径。让数据和信息产出价值,是高级可视化的终极目标。

2. 图形用户界面

人们正处于一个越来越多的事物都由 0 和 1 组成的世界,越来越多的活动都在屏幕上进行。多年以前,中控台上是否配置液晶屏是判别一辆汽车是否高档的重要指标;而现在,人类正处于屏幕的包围之中。人们正面临严峻的挑战:虽然拥有更多的选择,但总是做出错误的决策;虽然拥有更多的信息,但总是对重要的信息视而不见;虽然能够快速行动,但总是鲁莽行事。信息过载导致注意力难以集中,这一行为规律会在各种屏幕上被进一步放大——人们正淹没在信息洪流里。这意味着让人们看到你希望他们看到的信息,是一项价值连城的本领。未来,属于能够掌控注意力的人[10]。

图形用户界面(Graphical User Interface,GUI)是指采用图形方式显示的计算机操作用户界面,是人与计算机通信的图形接口(包括窗口、按键、菜单、对话框、控制机制等),允许使用指点设备操纵屏幕,以启动任务。微软公司的 Windows 操作系统是计算机实现从字符界面向图形用户界面转换的最佳应用案例。此外,图形用户界面还广泛应用于智能手机、智慧家电、可穿戴设备等具有信息交换、存储、处理功能的诸多电子信息产品。

图形用户界面需要仔细设计。最好的设计不是让眼睛看起来更方便,而是认知易用性需求与必要难度的平衡。不仅要美观、符合信息传达标准,甚至还要考虑用户浏览的心理,以及在这个信息太多而记忆有限的时代人们如何做选择。屏幕后面的数字世界如此视觉化,以至于观察者很容易就滑入更依靠直觉的思考方式,总是基于肤浅的第一印象就采取行动,甚至屏幕上各位区域的重要性也不相同,屏幕从来就不是让人们仔细思考的地方,它让人们在越来越少的时间里做出越来越多的决策,最终结果就是,人们第一注视点上的目标逐渐代替人们做出决策。

图形用户界面设计人员常常自问的一个问题是:界面需要给用户带来怎样的体验?是愉悦、放松、便捷、开放,还是某种形式的实用主义?苹果公司成功将产品设计推向了前所未有的新高度,导致其他许多公司都竞相模仿。社会心理学之父——德国心理学家库尔特·卢因(Kurt Lewin)曾提出著名的卢因行为模型,该模型认为人的行为是由个性和后天环境共同影响决定的。用户在使用产品时,沉浸在用户界面构造的使用环境中,产品界面决定了用户是否能够进行某种特定的操作和互动。

3. 人机交互

人机交互(HCI)是指人与系统之间的交流和互动,对于人类知识和意图的传达至关重要。根据人们的经验,人与人之间的自然交互包括话语、表情、姿态等,与之相似,人机之间的交互也可以在这些方面进行模拟。例如,华为手机可以通过手势抓取的动作实现屏幕截图。作为一种沟通界面和表达方式,可视化常被归入输出环节。数据和观点经由图表展现,从而提升用户对数据的感知或观点的说服力。事实上,视觉表达在数据探索阶段也能够高效率地发挥有助于信号过滤、搜索和促进判断的重要作用。

与过去的静态可视化相比,基于计算机的可视化具有可交互的优点,它超越了白纸黑字的静态展示,开启了广阔新机遇。通过让用户更容易地执行任务,有效的人机交互方法可最小化"执行鸿沟"——用户意图与系统行为之间的差别[11]。计算机刚被发明时,人机交互非常原始,通过打孔纸带来实现指令的输入和输出,即便是一个非常简单的程序也需要很长时间来制作打孔纸带,并调整开关和线缆的位置。如此原始的人机交互方式显然不具备便捷性。总体上看,随着计算机技术的迅猛发展,人机交互的发展是一段人适应机器和机器适应人的相互适应过程,可以粗略地分为以下 4 个阶段:手工作业阶段(打孔纸带)、编程语言阶段(程序代码)、图形用户界面阶段(指点操作)、自然人机交互阶段(语音、肢体动作等)。

2018 年 8 月,美国国防部公开了《无人系统综合路线图(2017—2042)》,其中,人机协同被列为关键主题之一。该路线图指出,未来的军事行动需要人和无人系统之间的协作,通过人机无缝集成,减少人类操控的负担。目前,无人系统的人机交互方式以摇杆、按键、鼠标为主,但是,自然交互接口也逐渐开始得到应用。

北美 QinetiQ 公司为 Talon 战术机器人设计了一款背包式、触控屏式的操作终端,支持辅助目标定位、导航、侦察等功能,允许控制一系列无人驾驶的地面车辆。该终端集成了图像映射功能,能同时查看 4 个方位的实时视频图像,并能够实时接收机器人运动过程中的音频和图像等信息;集成了语音控制系统,能实现通过语音发送指令;集成了地图绘制功能,能协助无人设备规划路径。

2020 年 1 月,DARPA 宣布“进攻性蜂群使能战术(OFFSET)”项目已完成第 3 次外场试验,成功对集群战术和人群协同技术进行了集成验证。该项目起源于“第三次抵消战略”,美国国防部设想通过大量无人集群压制敌防空系统,基于美空军作战人员利用手势控制无人集群的作战想定,通过革新士兵与自主集群在复杂多变的城市作战环境中的交互方式来提升作战能力。

来自 Charles River 技术公司、凯斯西储大学(Case Western Reserve University,CWRU)、西北大学的团队展示了全新研发的人-群协同交互系统,该套系统使指挥员可以利用手势和屏幕触摸指挥集群。2017 年,美国陆军研究实验室与海军研究实验室合作开展“自治小队成员(Autonomous Squad Member,ASM)”项目,开发了一个基于态势感知的人机透明(Situation Awareness-based Agent Transparency,SAT)模型,通过提高无人平台向人类传达其意图、性能、未来计划和推理过程的能力来提高人与智能平台的合作能力。

1.2　关键技术

低空飞行器多源融合视景导航涉及的技术比较复杂,从多源信息融合和可视化的角度而言,其关键技术主要包括以下 6 个方面。

1. 卫星遥感和测绘信息高效调度与管理技术

(1) 卫星遥感和测绘信息高效压缩算法
由于视景导航对卫星信息的精度要求较高,因此数据压缩算法必须保证有用信息不受损害,解压算法应尽可能简单高效。由于遥感影像的熵值较大,无损压缩的极限倍率有限,因此允许在没有明显失真情况下有损压缩。

(2) 卫星遥感和测绘信息的多分辨率无缝组织与索引技术
设计卫星数据的分块与存储策略、基于地形复杂度的半规则网格构建技术、基于不均匀四叉树的多分辨率金字塔构建技术以及相应的地形块编码索引机制。

13

2. 高动态飞行条件下多视点三维战场环境实时仿真与表现技术

(1) 高动态实时三维地理环境构建方法

利用高分辨率卫星遥感影像,通过场景建模技术以及图形图像处理技术,由计算机生成关于某一特定战场区域的真实而全面的三维地理环境。由于直升机在低空飞行条件下姿态变化快,因此为了满足高速动态视点下的三维地理环境绘制要求,必须着重关注高动态视点条件下三维场景快速调度技术、连续 LOD 快速构建技术和场景快速裁剪算法。

(2) 多视角集成显示

实现宽视角场景绘制,在单一视图上显示多个视点信息,有效地对多个视点进行快速切换等。

3. 基于多源卫星信息的三维空间航线规划技术

基于测绘卫星的高分辨率影像和数字高程信息构建三维场景,实现复杂地形威胁建模;基于气象卫星云图和大气信息构建气象威胁模型;基于遥感卫星及相关信息获取各类目标的非合作威胁模型。

4. 基于卫星遥感信息的目标指示技术

(1) 已知静态目标指示

飞行目标分类(包括分类标准制定、分类目标的三维模型及二维图标制作、分类目标默认显示方式等)、导航视景中三维目标模型嵌入显示技术及目标指示方式。

(2) 多动态目标指示

根据飞机自身的位置、运动和姿态参数,将数据链系统传来的动态目标位置和运动参数转换为目标相对低空飞行器的距离与方位,并以图形形式在辅助引导导航视景中标识。模拟产生数据链系统传送的动态目标的类型和位置结果。

5. 基于视景的组合导航技术

(1) 基于导航定位信息与飞行姿态数据的导航视景生成

综合飞行参数与航迹分析的飞行位置姿态平滑处理技术、基于导航定位信息与飞行姿态数据的导航视景快速切换技术等。

(2) 导航视景中的辅助引导信息增强显示

舱内视角下的飞行参数增强显示(包括地平仪、高度表、速度表等图形增强显示)、舱内视角下预定航线的三维管道显示及偏航指示,公共视角下的安全飞行区域及飞行参数的可视化,公共视角下导航视景、预定航线、飞行轨迹显示及偏航指示,导航视景中的重要地标显示及战场态势显示等。

(3) 视景导航中的危险预警提示

根据飞行航线及飞行高度预先增强显示坡度剧变的区域及数据库中的障碍物信息;根据预先设定的降落点增强显示周围可能存在危险的区域;根据低空飞行器位置、气压高度和飞行轨迹信息来确定潜在的撞地危险;当实际航迹偏离预定航线超过给定阈值时,启动偏航预警;根据低空飞行器工作阶段以及危险的种类确定不同的告警方式,如颜色增强显示、警戒标识显示、声音提示、屏幕闪烁等。

（4）基于视景的组合导航交互方式

触摸式系统软按钮设计,支持舱内视角、舱外视角以及公共视角的交互界面设计与切换方法。

6. 基于卫星信息的飞行辅助引导技术

基于卫星信息的飞行辅助引导技术主要包括设计系统的软硬件配置方案、设计软硬件界面、进行指标分配、构建各子系统及其互联、设计演示方案等,实现关键技术的验证目标。

低空飞行器多源融合视景导航的技术指标可从以下方面考虑:

① 低空飞行条件下视景屏显更新帧率。

② 视景表现的最高图像分辨率、逼真度。

③ 视景显示效果满足特定飞行速度要求。

④ 辅助导航定位精度(包括平面和高度)。

⑤ 融合信息源的数量。

⑥ 完成每百千米单条航线规划平均时间。

⑦ 航线规划最大航程。

⑧ 支持目标指示的种类。

⑨ 在视景导航中,提供辅助引导信息的种类、威胁预警信息的种类、危险告警方式的种类等。

⑩ 支持显示视角的类型、数量,例如舱内视角、舱外视角和公共视角等。

1.3 研究现状

在一百多年的人类航空历史上,飞行安全问题一直是各国政府、军方及研究机构关注的重点。飞行员在飞机功能正常且状态可控的条件下,由于对飞机相对于地形的位置判断错误等而无意识地操纵飞机与地面相撞,是造成飞行事故的主要原因之一。此外,复杂的地理环境和气象状况(如紊流、低能见度、雷暴天气)等因素也会导致飞行员对外界情景意识不足,增加发生事故的风险概率。提升飞行员对外界的感知能力,综合运用各种辅助引导手段完成飞行任务,是航空安全设计的重点,也是飞行训练的重要课题,更是在军事斗争中夺取空中优势的重要保障之一。

作为一个辅助导航定位系统,不论采取何种技术手段,从基本功能上来看都应具备以下能力:首先,应能让飞行员清楚地知道自己的位置和状态;其次,应能够使飞行员看到或者感知到原本看不到、感知不到的外界环境;最后,应能够提供一些提示和告警信息。

随着卫星技术的快速发展和广泛应用,基于卫星信息的飞行导航等设备和技术得到了突飞猛进的发展,有些已经装备于各种飞行器上,在实际应用中,特别是在军事应用中发挥着重要作用。下面从卫星导航定位技术、基于卫星信息的视景仿真与表现技术、综合卫星信息的可视导航技术和基于视景的低空飞行器导航技术 4 个方面介绍国内外研究现状。

1. 卫星导航定位技术

获取精确的位置、速度和时间信息(Position Velocity and Time，PVT)是了解作战单元状态、掌握战场态势的第一步，也是辅助飞行导航的第一要素。尽管飞行器自身都带有一定的导航设备(例如罗盘、微波、激光、惯性等导航设备)，但是卫星导航以全时空、全天候、高精度、连续实时地提供导航、定位和授时的特点，成为目前各种飞行器，特别是军用飞机的主要导航手段，也成为军事数据链系统中的重要数据源。目前，卫星导航定位系统主要有美国的全球定位系统(Global Positioning System，GPS)、俄罗斯的全球导航卫星系统(Global Navigation Satellite System，GLONASS)、欧盟的 Galileo 系统、中国的北斗卫星导航系统、印度区域卫星导航系统(Indian Regional Navigation Satellite System，IRNSS)和日本准天顶系统(Quasi—Zenith Satellite System，QZSS)。

GPS 是目前发展最完善、技术最成熟、应用最广泛的卫星导航定位系统，美国于 20 世纪 70 年代开始研制，历时多年、耗资巨大建成，由分布在 2×10^4 km 高空的 6 个轨道上的 24 颗卫星组成，具有在海、陆、空进行全方位实时三维导航与定位的能力，是目前唯一覆盖全球的卫星定位系统，在 6～11 颗星可见的情况下，定位精度为 2.00～8.76 m。GPS 是一个军民两用的系统，军用精度远远高于民用精度。目前美军在各种海、陆、空作战平台均已装备 GPS，并与军事通信系统结合在一起，成为 C4ISR 系统的重要组成部分，可以说，美军几乎所有的军事行动都依赖于此。

GLONASS 是苏联从 20 世纪 80 年代初开始建设的与美国 GPS 相类似的卫星定位系统。GLONASS 星座由 24 颗工作星和 3 颗备份星组成。24 颗星均匀地分布在 3 个近圆形的轨道面上，这 3 个轨道面两两相隔 120°，每个轨道面有 8 颗卫星，同平面内的卫星之间相隔 45°，轨道高度 1.91×10^4 km，运行周期 11.25 h，轨道倾角 64.8°。GLONASS 提供军用和民用两种服务。目前，GLONASS 在 7～8 颗星可见的情况下，定位精度为 4.46～8.38 m。与美国的 GPS 不同的是，GLONASS 采用频分多址(FD-MA)方式，根据载波频率来区分不同卫星(GPS 采用码分多址(CDMA)方式，根据调制码来区分卫星)。目前，俄罗斯在轨的 GLONASS 卫星有 26 颗，主要用途是导航定位，当然与 GPS 一样，它也可以广泛应用于各种等级和种类的测量应用、GIS 应用与时频应用等。

北斗卫星导航系统是我国自主研发的卫星导航系统，包括北斗一号到北斗三号共三代系统。从功能上看，北斗一号是定位系统，而不是导航系统，因为北斗一号只能为用户提供基本定位服务，而不能为动态用户提供连续导航服务。北斗一号采用有源定位体制，用户需要发射定位请求信号，系统才能对其定位，这个过程要依赖卫星转发器，有时间延迟，且容量有限，满足不了高速运动的飞行器导航需求。但是，北斗一号参考了双星定位设想，巧妙设计了双向短报文通信功能。GPS 只能知道"我在哪里"，而北斗不仅知道"我在哪里"，还能让别人知道"你在哪里"，这种通信与导航一体化的设计也是"北斗"最闪亮的特色之一。北斗一号的建成,标志着我国成为继美、俄之后世界上第三个拥有卫星定位系统的国家,实现了从无到有的突破[12]。

北斗二号在兼容北斗一号有源定位体制的基础上,增加了无源定位体制,用户不用发射定位请求信号,仅依靠接收信号就能定位。北斗二号是以地球静止轨道卫星和倾斜地球轨道卫星为主构建的区域星座,2012 年完成 14 颗卫星发射组网,为亚太地区提供定位、测速、授时和短报文通信服务。从服务性能来看,北斗二号系统在覆盖范围内的定位、导航和授时精度优于当时的 GLONASS 和 Galileo 系统,只是与 GPS 略有差距。北斗卫星导航系统迈出了从国内向亚太拓展的关键一步。

2020 年 6 月 23 日,随着最后一颗北斗三号卫星发射升空,北斗全球系统完成星座部署。7 月 31 日,习近平总书记宣布北斗全球系统正式开通,标志着北斗卫星导航系统全面进入全球化服务的新阶段。北斗三号继承有源和无源两种体制,可为全球用户提供服务,而随着卫星能力的提升,除了定位、导航、授时外,它还提供短报文通信、星基增强、国际搜救、精密单点定位等多样化服务。未来,将不断提升系统的运维保障和应急处理能力,保障系统稳定运行,北斗应用将向市场化、产业化、国际化发展,同时将综合利用多种手段,融合各项技术,致力于为全球用户提供更好的 PNT 服务。

2. 基于卫星信息的视景仿真与表现技术

美军把建模与仿真看作"五角大楼处理事务的核心方法中的一种战略技术",因而从各方面加强对计算机作战模拟的研究和投入;而高分辨率卫星影像及遥感图片是实现逼真战场环境的基础。1995 年 8—9 月,当北约部队对波黑塞军进行大规模空中打击时,美军就利用先进的计算机技术将高分辨率卫星图像与波黑战场数字地图相结合,产生出一种逼真的战场模拟环境。飞行员在战斗前先在这个合成环境中演练,熟悉预定飞行路线以及作战目标的特性,从而大大提高了空袭效果。据报道,这种具有虚拟现实功能的航空兵作战模拟系统使美国空军只需出动原定飞行架次的 50% 就可以摧毁预定目标。同年 10 月,穆、克、塞族三方代表在美国俄亥俄州的赖特·帕特森空军基地举行谈判,美方在谈判现场展示了这套作战模拟设备,同时提供了在通常情况下所无法获得的详尽的战场地理数据,此种高技术军事手段为解决三方的领土分歧,并最终签署代顿和平协议一度发挥了十分重要的作用。

在科索沃战争中,美国国防部国家图像与测绘局(NIMA)为美国空军提供了一种被称为"装在匣子中的 NIMA"的袖珍型数字影像系统。该装置包括一个膝上型计算机,内装有 NIMA 的所有欧洲地图及卫星影像。所有地名、机场、港口及目标名称均在数据库中加以归类。用户可以从中及时调出有关的信息并以任意比例进行判读。该系统在战争中发挥了重要的作用,运用该系统完成任务规划可以节省 85% 的时间;将该系统装备在 EC - 130E 空中指挥与控制飞机上,能够指引飞行员在 20 min 之内飞临目标区,而使用传统的方法则需要 2~4 h 的时间。将数字影像系统装备到 EC - 130E 仅两天,就成功地协助营救机组从塞族占领区解救出了被击落战机的飞行员。从坠地到获救,整个过程只用了 2 h。这是现代战争中战场环境保障的一个范例,其成功之处在于将 NIMA 数据库迅速和便利地带到战区指挥员的手中。

3. 综合卫星信息的可视导航技术

很多重大航空安全事故发生在恶劣气象条件下的进近着陆阶段,因而提高低能见度下飞行的安全性一直是业内希望解决的问题,特别是对于需要经常在复杂地理环境中近地飞行执行任务的低空飞行器来说,增强目视能力,及早发现和规避可能的危险显得尤为重要。所谓可视导航技术,就是通过传感器帮助飞行员了解外界和地面情况,或者以地形数据库为基础,由计算机生成的画面引导飞行员沿正确的航路飞行。可视导航技术是已被研究了多年的驾驶舱显示更新课题,从事此方面研究的机构主要有NASA 的兰利研究中心、美国空军研究实验室、罗克韦尔·柯林斯公司、湾流宇航公司、美国俄亥俄综合大学、科罗拉多大学、杰普森公司、FAA 等。在其已研制的系统中,最具代表性的有视景增强系统(Enhanced Vision System,EVS)和合成视景系统(Synthesis Vision System,SVS)。

视景增强系统通常要在飞机上增加一些传感器(例如机载红外传感器和毫米波雷达),给出的图像重叠在平视显示器上,在为机组呈现肉眼看不到的真实跑道画面的同时,显示一些下视显示器给出的重要数据指示。据称,如果飞机使用平视显示器,则驾驶员能够在 85% 的时间进入任何机场;如果增加红外摄像机,构成红外视景增强系统,则速度又可提高约 7%;在红外摄像机的基础上增加毫米波雷达,速度还能够再提高 5%。

合成视景系统的概念最早由 NASA 和美国空军在 20 世纪七八十年代提出,其目的是提高飞行员的态势感知能力。SVS 以包括地形、障碍物、水文在内的各种数据库为基础,通过计算机生成基于三维地形的虚拟视景,并通过可视化技术显示其他需要的信息。它多数呈现在下视显示器上,并与 GPS 精密导航系统相连,为飞行员提供了飞机外环境的描述。系统不仅可与地形回避告警系统(TAWS)、空中交通防撞系统(TCAS)接口,还能与提供告警和提示,甚至与近似于实时的气象信息数据链相结合。该系统还能提供低能见度条件下的滑行和起飞导引。

2004 年夏季,罗克韦尔·柯林斯公司研究人员利用一架"湾流"V 喷气飞机,在理诺/塔霍湖国际机场测试了装机的合成/增强视景系统。这两套系统分别在平视显示器和下视显示器上向机组人员呈现了地形的三维视景与机场进近区的电子活动地图。该工作组的成员除了罗克韦尔·柯林斯公司外,还包括 NASA 的兰利研究中心、美国空军研究实验室、湾流宇航公司、美国俄亥俄综合大学、科罗拉多大学、杰普森公司及FAA 等多家单位。罗克韦尔·柯林斯公司强调,合成视景技术为驾驶员提供了清晰的和精确的外界图像,不仅改善了航空安全性,还有助于增加机场的效率。罗克韦尔·柯林斯公司和美国空军演示的目的不是将红外图像与合成地形图融合成一幅组合图像,而是使两幅图像综合成类似家用电视一样的"画中画"效果,这样飞行员能够看清合成视景与增强视景的差异,并以此为基础做出判断。在平视显示器上,只有红外图像以1:1 显示。当飞行员只能看到有灯光的跑道而看不清周围地形时,可使用红外地形图像与跑道景物相匹配。

视景增强/合成视景系统从研究开发到走向市场的几十年,引发了驾驶舱显示革命。尽管各种研究数据表明该产品对提高航空安全有很大价值,但是出于成本的考虑,目前只有少数商务飞机安装此类豪华设备。

4. 基于视景的低空飞行器导航技术

20 世纪 50 年代中期以前的低空飞行器大多采用简单的仪表和电子管通信设备,没有导航设备。20 世纪 50 年代末至 60 年代初的低空飞行器多采用军用标准通信设备或商业导航设备。独立的电子设备和仪表、纵横交错的电缆不仅占去了机内很多空间,而且质量重,可靠性不高。20 世纪 70 年代至 80 年代,低空飞行器电子系统为半综合型,采用集成电路通信设备、自主导航设备和综合仪表。机载电子设备间靠双向数据总线交互连接,通过总线进行信息传输和接收。这种半综合型电子设备使得通信距离增大,导航精度提高,仪表数目减少,飞行员的工作负荷有所减轻。进入 90 年代,计算机技术和信息技术在低空飞行器上广泛应用,低空飞行器电子系统朝高度综合化的方向发展,惯性导航、卫星导航、通信、敌我识别和信息传输设备,以及火控系统中的目标识别、瞄准和武器发射控制设备通过数据总线交互连接,实现信息的共享。多功能综合显示器的使用取代了大量的单个仪表,中央计算机可对通信、导航、飞行控制、敌我识别、武器火控的信息进行综合处理和控制,综合电子设备的采用大大简化了座舱内的布局,减轻了低空飞行器的质量,提高了低空飞行器工作的可靠性,减轻了飞行员的负担,更加强了武装低空飞行器的作战性能。

以 AH - 64"阿帕奇"直升机为例,它装备有目标截获/标识系统(TADS)和飞行员夜视系统(PNVS),包括高分辨率电视、"直视光学装置"望远系统、自动跟踪器和激光光点跟踪装置,使飞行员在各种速度和高度条件下都具有夜视能力,实现贴地飞行。PNVS 安装在机头上方,在夜间它可以使飞行员(正或副驾驶员/炮手)通过头盔显示瞄准系统(IHADSS)看到机外 1∶1 的景物图像,景物图像显示在飞行员头盔的单镜片上,且在这种景物图像上可以叠印直升机的空速、飞行高度、方位等简单飞行数据。而TADS 位于 PNVS 下方,它可以在白天或黑夜为飞行员提供放大了的目标图像(放大图像有利于识别和攻击),不同的是这种放大图像在前舱显示在副驾驶员/炮手的头盔镜片上,在后舱则显示在正驾驶员前面的显示屏幕上,飞行员能看到机外原尺寸景物和放大的目标图像。完美的导航设施意味着高昂的售价,其电子设备的价格占直升机总价格的 50%。尽管"阿帕奇"对美军的售价仅为 1 200 万美元,但对外售价非常昂贵,2002 年科威特的购买单价折合 5 400 万美元。

S - 92 直升机采用以数据总线为基础的、开放式的综合航空电子结构,所有飞行、导航、气象与监控等数据都通过 4 个多功能主动液晶显示器显示给驾驶员。欧洲直升机公司经过 10 年的研究与测试,将推出可满足民用直升机全天候飞行的技术,实现相撞传感器、精确导航设备和先进视频系统的功能,使直升机在恶劣气候环境下能正常飞行。飞行测试验证了先进视频系统、平视显示器、人机接口、激光障碍告警系统和地形碰撞规避设备等全天候直升机子系统。

我国国产航电系统包括短波电台、超短波电台、机内通话器、雷达高度表、无线电罗盘、综合罗盘、多普勒导航系统、自动驾驶仪、全向空速传感器等设备,并装备了液晶彩色显示器用于显示飞行参数、导航和数字地图、动力系统信息与观瞄转塔传来的图像。出于对成本等因素的考虑,大多数直升机仍使用传统仪表盘。低空和灵活本是直升机的最大优势,如果缺乏先进的导航手段,则其优势根本无法发挥,为提升应对复杂气象和地理环境的能力,迫切需要低成本的视景导航系统。

5．总　结

从国内外研究现状来看,我国基于卫星信息的飞行辅助导航研究还处于较低的水平,特别是结合高分辨率卫星遥感影像信息、高精度卫星定位信息的基于三维视景的飞行辅助导航还比较少,与国外发达国家相比还存在较大的差距。主要表现在:

(1) 缺乏有效的低空复杂环境下的卫星信息辅助导航手段

为了完成低能见度、低空复杂环境下的飞行任务,需要飞行器为飞行员提供有效的辅助导航手段。虽然某些直升机安装了微光夜视仪、北斗等导航设备,但由于缺乏更加完善的辅助导航设备,飞行员在飞行过程中仍旧采用目视机外场景的方式,利用仪表参数完成飞行任务,尤其是在低云层、浓雾等不良气象条件下,以及在能见度较低的夜间,几乎不能进行有效的障碍告警和地形碰撞规避,无法高效完成任务。

(2) 缺乏及时的威胁规避及预警措施

直升机自身的特点在为它带来作战灵活性、隐蔽性的同时,也为它带来了安全隐患。它在执行飞行任务过程中,大部分时间采用超低空飞行的方式。一方面,长时间的低速低空飞行更容易受到地面武器的直接攻击;另一方面,也更容易与低空障碍物发生碰撞而引起非战争损毁。

目前,国外先进直升机普遍安装了多种辅助装置,为直升机提供飞行前或飞行过程中的威胁规避及预警功能。我国直升机缺乏用于威胁规避及预警的机载设施,使得飞行员在飞行过程中无法集中精力完成特定任务,加大了飞行过程中的损伤风险,容易造成飞行事故。

(3) 缺乏灵活高效的航线规划手段

目前的直升机航线规划手段单一,为了完成指定的飞行任务,大多是先对飞行路线上的各种状况进行了解;然后派遣有经验的飞行员沿着事先探测好的路线,在地面通信引导的帮助下进行试飞;最后实施正常的飞行任务。这种航线规划手段显然无法适应应急任务下的快速反应需求。因此,缺乏面向各类突发任务的基于卫星信息的快速航线规划手段。

(4) 缺乏准确可靠的目标指示途径

为了安全完成飞行任务,直升机通常需要获知降落地点、潜在威胁区域、威胁目标等多种目标的详细信息,准确可靠的目标指示途径是提高飞行效率、顺利完成预定任务的重要保障。目前缺乏融合各类目标信息的综合显示,从而无法为飞行员提供准确可靠的目标指示途径。

本书将通过对高动态飞行条件下多视点的三维战场环境实时仿真与表现、三维空间航线规划、目标指示等关键技术的研究,试图为缩小上述差距提供部分解决方案。

第2章 多源卫星信息调度与管理

与飞行员当前视点一致的三维视景仿真是在低能见度条件下实现飞行辅助导航最有效的途径,而由遥感卫星和测绘卫星获得的高分辨率遥感影像与数字高程模型(Digital Elevation Model,DEM)数据是生成真实感地形地貌的基础条件。目前,以直升机为例,一般航程可达 700 km,若采用 1 m 分辨率的 DEM 和卫星影像,则其数据量将达到 TB 级,对于内外存容量有限、CPU 效率不高的导航终端而言,如此巨大的数据量势必影响到绘制的效率。因此,需要研究卫星遥感和测绘信息的高效调度与管理技术。

本章主要介绍如下内容:

1. 卫星高分辨率图像的高效压缩技术

完成一次飞行任务需要装载的卫星数据量往往超过可用存储容量,这些数据不可能被一次加载完成,并且内外存之间的低 I/O 数据交换速度也会影响导航视景的实时生成。因此,卫星信息必须被高效压缩,并且必须保证有用信息不被损坏。当设计压缩解压算法时,应尽可能简单、高效。从数据特点来看,卫星遥感影像的熵值较大,无损压缩的极限倍率有限,因此,允许在没有明显失真的情况下有损压缩。针对高分辨率卫星遥感图像,需要研究专门的高压缩算法——具备时域和频域的局域化特性,其多尺度特性易于满足多分辨率提取的要求,实现压缩算法的高效、保真,满足机载硬件终端的处理要求。

2. 卫星遥感和测绘信息的多分辨率无缝组织与索引

一般来说,低空飞行器执行一次飞行任务需装载航程不低于 700 km 的卫星信息,在不同的飞行阶段对导航视景的范围和分辨率要求不同。考虑到实时绘制能力的限制和飞行导航的实际需求,必须建立由遥感卫星和测绘卫星获得的卫星遥感影像与 DEM 数据的多分辨率模型,以降低大范围视景生成与绘制的复杂度,同时满足视景导航的精度要求。

规则格网是最常用的数据组织形式,虽然其结构简单,便于处理,但存在着较多的冗余。不规则三角网(TIN)虽然对地形的表示能力较强,但数据组织管理复杂。不论采用哪种组织形式,均需要进一步抽取出多分辨率模型(LOD 模型)。而 LOD 模型又分为静态 LOD 模型和动态 LOD 模型,通常规则网格采用静态 LOD 模型,而不规则网格采用动态 LOD 模型。静态 LOD 模型在预处理阶段完成,需要较大的外部存储容量,对计算资源要求较小。动态 LOD 模型是在绘制过程中实现生成的,需要消耗额外的计算资源。针对导航终端内存容量有限、处理能力不强的特点,本章将介绍一种基于半规则网格的静态 LOD 模型,在预处理阶段完成对卫星数据(影像和 DEM)的多分辨率组织;另外,重点介绍卫星数据的分块与存储策略、基于地形复杂度的半规则网格构建技术、基于不均匀四叉树的多分辨率金字塔构建技术以及相应的地形块编码索引机制。

3. 卫星高分辨率信息基础数据管理

为了高效管理与利用数据,以保障视景导航与辅助引导的数据基础,我们研制了卫星高分辨率信息基础数据管理子系统,集成了 DEM 数据组织与管理模块、卫星影像数据组织模块、矢量栅格化数据组织模块以及基础数据管理平台,构建了一个全方位、多层次的数据管理体系。其中,DEM 数据组织与管理模块专注于数字采集、处理、存储与分发;卫星影像数据组织模块则负责卫星影像数据的接收、校正、融合;矢量栅格化数据组织模块实现了矢量数据与栅格数据的无缝转换与管理;基础数据管理平台则作为整个系统的中枢,提供了数据的统一编目、查询、分发与处理功能。

2.1 卫星高分辨率图像的高效压缩技术

2.1.1 图像压缩可行性分析

图像信息是通信与计算机系统的一种重要的处理对象,与文字信息不同,图像信息需要较大的存储容量和较宽的传输信道,尤其是在需要实现大规模图像数据库或传输高分辨率实时图像序列的场合,即使以现在的技术也仍然难以满足对原始数字图像存储和传输的需要。对图像数据的压缩成了技术进步的迫切需求,基于此需求,图像压缩编码技术已成为一个非常活跃的研究领域,并已在商业上取得很大成功。

图像压缩也称图像编码,是指在保证一定重构质量的前提下,通过对图像信息进行大量统计分析,在掌握和了解图像信息的统计特性的基础上,充分利用图像数据本身相关性强的特点,寻求消除或减少数据相关性或改变图像信源概率分布不均匀性的方法,去除图像数据中的各种冗余,以尽量少的数据量来表征图像信息,从而实现数据压缩,使它符合各种应用场合的需求。

图像压缩通过去除图像数据的各种冗余达到压缩的目的,其中静态图像冗余分为以下 5 种:

① 空间冗余:在同一幅图像中,规则物体和规则背景的表面物理特性具有相关性,导致该图像数字化后具有空间数据冗余。

② 信息熵冗余:也称编码冗余。编码码元的数据长度总是大于或等于信息熵,由此带来的冗余称为信息熵冗余。

③ 结构冗余:有些图像具有非常强的纹理结构,如木头的年轮,它们具有结构上的冗余。

④ 知识冗余:对图像的理解与某些基础知识有相当大的相关性,这类由先验知识或背景知识产生的冗余称为知识冗余。

⑤ 视觉冗余:图像中包含的有些信息超出了人类视觉的分辨能力,由此产生的冗

余称为视觉冗余。

上述各种形式的冗余是图像数据压缩编码的出发点。图像编码就是要尽可能地消除这些冗余信息,以降低表现图像所需的数据量。

图像压缩的基本理论起源于 20 世纪 40 年代末香农(Shannon)的信息理论。由香农的编码定理可知,在不产生任何失真的前提下,通过合理的编码对每一个信源符号分配不等长的码字,平均码长可以任意接近于信源的熵。基于此理论框架,人们又提出了几种不同的无失真信源编码方法,如 Huffman 编码、算术编码、词典编码等,将它们应用于图像编码能获得一定的码率压缩。然而无失真编码的压缩率是很有限的,对于较复杂的自然图像,压缩率一般不超过 2。

由于压缩比的限制,无失真信源编码难以满足大多数图像存储和传输的需要。人们对有损压缩进行了广泛的研究,其目的是去除图像数据中的冗余信息和对视觉不重要的细节分量,以尽可能少的码字来表示所处理的图像,因此,有损压缩广泛应用于语音、图像和视频数据的压缩。

图像编码经过近几十年的发展,出现很多种编码方法。其中,不但包括基于经典香农信息论的传统压缩方法,也有结合计算机视觉、模式识别、分形几何、小波变换等的新一代图像编码方法。这些图像编码方法按照算法原理的不同,主要分成以下 6 类:

(1) 预测编码

预测编码(Predictive Coding)利用影像信号在局部空间和时间范围内的高度相关性,通过与当前像素相关性较大的相邻像素来预测当前像素,然后量化、编码预测误差。考虑到实时性,只能使用已传输的像素来估计未来的像素。预测编码的关键在于预测算法的选取,这与图像信号的概率分布密切相关。实际中常根据大量的统计结果采用简化的概率分布形式来设计最佳的预测器,还可以根据图像局部的统计特性来实现自适应预测,并利用人的主观视觉特性以实现自适应量化。

(2) 变换编码

与预测编码技术相比,消除图像数据空间相关性的一种更有效的方法是进行信号变换,变换编码(Transform Coding)使图像数据在变换域上最大限度地不相关。变换编码是将一组像素经过某种形式的正交变换转换成一组变换系数,然后根据人的主观视觉特性对各变换系数进行不同精度的量化后编码的技术。尽管图像变换本身并不带来数据压缩,但由于变换后系数之间相关性明显降低,图像的大部分能量只集中到少数几个变换系数上,采用适当的量化和熵编码后可以有效地压缩图像的数据量。用于影像编码的正交变换有离散傅里叶变换(DFT)、沃尔什-哈达玛变换(WHT)、哈尔变换(HRT)、斜变换(SLT)、离散余弦变换(DCT)、K-L 变换等。这些变换中,除了 K-L 变换外,都有快速算法。K-L 变换是在最小均方误差准则下进行影像压缩的最优变换,但由于其变换矩阵随影像内容而异,因此没有快速算法。

(3) 矢量量化编码

香农的失真理论指出,即使对无记忆信源,矢量量化(Vector Quantization,VQ)也总是优于标量编码。基于矢量量化的影像压缩方法利用相邻影像数据之间的高度相关性,将输入的影像数据序列分组。每组 m 个数据被描述成为一个有 m 个元素的矢量。实际的矢量量化影像系统中编码器和解码器内置有相同的码书(Codebook),码书由所有可能的矢量集合的有序子集组成。编码器根据特定的距离准则,在码书中对输入影像进行矢量匹配,然后对匹配的码书序号进行编码,从而实现了由一个矢量所需要的比特数到一个码字序号所需比特数的压缩。编码过程中,矢量量化的码书是根据训练矢量集合来设计的,通常用的是 LBG(Linde‐Buzo‐Gray)算法。

(4) 分形编码

现有的大多数影像编码算法仅仅是借助相邻像素间的相关性来进行压缩的,因而压缩比不高。实际上,影像中不仅仅区域内相邻像素间存在相关性,而且一些相距甚远的区域之间,或区域与整体之间也可能存在相当大的相关性,这是一种全局相关性。这些相关性正是分形几何的基本理论点。

分形编码(Fractal Coding)是在分形几何理论的基础上发展起来的一种编码方法。分形理论是欧氏几何相关理论的扩展,是一门研究不规则图像和混沌系统的科学,它描述了自然界物体的自相似性,这种自相似性可以是确定的,也可以是统计意义上的。当利用分形的方法压缩非人工图像时,Jacquin 提出了基于迭代压缩变换(Iterated Compression Transform,ICT)的自动分形图像编码方法。这种编码方法的关键是寻找图像的 IFS 码,也即迭代运算算子,利用该方法对某些图像可得 30~70 倍的压缩比。然而分形图像编码的理论基础决定了它只对具备明显自相似性或统计自相似性的图像(例如海岸线、云彩、大树等)才有较高的编码效率,一般图像并不都具有这一特性,因此,编码效率不是很高。

(5) 模型编码

基于模型的编码(Model‐based Coding)技术是一种参数编码方法,主要应用于运动图像的编码当中。它与基于保持信号原始信息的所谓传统编码有本质上的区别。相对于传统编码而言,参数编码所需的比特数要少得多,因而可以节省大量的编码数据。基于模型的图像编码方法利用了计算机视觉和计算机图形学中的方法与理论,其基本出发点是在编码和解码两端分别建立相同的模型。基于模型的编码器并不压缩实际的量化数据,而是采用一个表示景物的模型,传送的信息是告诉接收方如何改变模型以匹配输入景物。模型编码根据输入的图像提取模型参数,并根据模型参数重建图像。显然,模型编码方法的核心是建模和提取模型参数,其中模型的选取、描述和建立是决定模型编码质量的关键因素。

目前,已有许多基于模型的图像编码方法。根据对图像内容先验知识的使用程度,模型编码可以分为两类:一类是基于语义(Semantic‐based)的图像编码,它是基于限定景物的模型编码,其中景物内的图像的三维模型是严格已知的;另一类是基于物体(Object‐based)的图像编码,它是针对未知物体的模型编码,需要实时构造物体的模型。这两类编码方法各有优缺点。基于语义的方法可以有效地利用景物中已知物体的知识,可以获得非常高的压缩比;它仅能处理已知物体并需要模式识别。基于物体的方法由于不需要模式识别,其图像分析要简单许多;因为没有充分利用景物的知识,或只能在低层次上利用物体知识,所以其编码效率较基于语义的方法低很多。

从建立图像模型的复杂度和灵活性等角度考虑,三维线框模型(即用很多三角曲面片来逼近目标图像)是最好的,也是最常用的。当编码该模型所对应的图像的时候,只需要记录三维线框的变换即可,从而节省大量的存储空间。

(6) 小波编码

1989 年,Mallat 首先将小波变换用于多分辨率图像的描述,即影像的小波分解。小波分解是完备的、正交的,且是多分辨率的分解。在空间域内,小波分解是将信号分解成为不同层次,每一层次的分辨率不同。由于小波分解方法本身的正交性,分解后不同层次数据之间的相关性完全由数据本身的相关性决定。这就排除了由分解方法内在的相关性造成数据之间存在相关性的混淆。小波变换在时域中进行多层次分解运算的同时形成了频域中的多层次分解。在频域中的每个层次上,高频分量与低频分量的分布都与原数据中频率分布的方向有关。

在小波变换的基础上,很多成熟的算法被提出来并用于影像压缩,如嵌入式小波零树编码(Embedded Zero-tree Wavelet,EZW)方法通过使用基于小波系数特点的零树结构模型获得很好的影像压缩效果;在 EZW 算法的基础上发展起来的分层树集合分裂(Set Partitioning in Hierarchical Trees,SPIHT)算法获得了更好的综合压缩性能;而优化截断点的嵌入式编码(Embedded Block Coding with Optimized Truncation,EBCOT)算法被 JPEG2000 标准纳入并作为其核心编码方法。此外,基于小波的混合编码方法也取得了不错的成绩。这类方法主要有小波和矢量量化结合的编码方法、小波和神经网络相结合的编码方法、小波和分形相结合的编码方法。

总之,基于小波变换的图像编码方法一方面拥有传统编码方法的一些优点,能够很好地消除图像数据中的统计冗余;另一方面,小波变换的多分辨率特性提供了可以很好地利用人眼视觉特性的机制,而且小波变换后的图像数据能够保持原图像在各种分辨率下的精细结构,为进一步去除图像中其他形式的冗余信息提供了便利。因此,小波图像编码在较高压缩比的图像编码领域非常被看好。

2.1.2 图像压缩编码基本框架

有损压缩包括预测编码、变换编码、量化编码、信息熵编码等,其中变换编码是最常用的一种处理方法,主要包括三个步骤:变换、量化和编码。变换编码将图像从空间域映射到变换域处理,将强相关的空间像素阵映射成完全不相关的、能量分布紧凑的变换系数阵,占少数的大的变换系数代表图像中最主要的能量成分,占多数的小的变换系数表示一些不重要的细节分量,通过量化去除小系数所代表的细节分量,用很少的码字来描述大系数所代表的主要能量成分,从而达到高的压缩比;变换系数阵的物理含义明确,使它更容易与人类视觉系统(Human Visual System,HVS)知识相结合,以便有效地去除视觉冗余,尽可能地保留重要的视觉信息。图 2 - 1 表示图像压缩系统的结构,主要包括两部分:编码系统和解码系统。编码系统包括映射变换、量化和熵编码三个步骤。图 2 - 1 的映射变换、量化和熵编码统称为编码器,与之相对应的熵解码、反量化、反映射变换称为解码器。

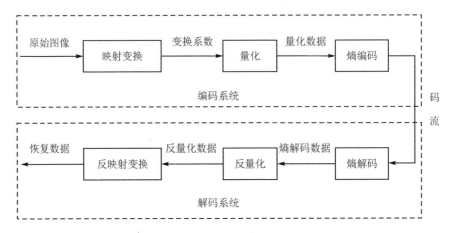

图 2-1　图像压缩系统的结构

在传统傅里叶分析基础上发展起来的小波分析理论具备良好的时(空)频局域性和多分辨率分析能力,其具有 3 个优点:

① 小波变换具有良好的空(时)频局域性,其表现为:(a)频率压缩特性,即从频率分解上看,原始图像的能量大部分集中在低频子带;(b)空间压缩特性,即从系数在空间上的分布看,高频子带的能量大部分集中在原始图像的边缘、轮廓等对应的位置;(c)子带间小波系数的相似性,即图像经过小波变换后,各高频子带的小波系数是对原始图像的边缘和纹理信息在不同尺度与不同分辨率下的描述,各高频子带上的系数分布具有相似性。

② 小波变换具有方向性,能够很好地利用人眼视觉系统特性。人眼对图像不同方向的高频分量具有不同的分辨能力,若对分解出的不同方向上的细节分量进行编码处理,就能充分利用这一特性,图像的编码效率也就更高。

③ 小波分解具有快速算法(如 Mallat 算法、整型提升算法等),适合硬件与软件实现。

上述优点使得小波变换成为一种很好的图像分解表示方法,非常适合图像压缩,在减少编码时间、提高压缩比和降低失真度等方面都具有很好的效果。图像经过小波变换后,总体信息量并不减少,是完全可逆的。小波系数通过量化过程丢失一部分信息,才能实现压缩。

对于有损压缩算法,通常有两种准则对压缩后的图像质量给予判断:客观准则和主观准则。

客观准则是对压缩重构后的图像与原始图像的误差进行定量计算,一般是对整个图像或图像中一个指定的区域进行某种平均计算,以得到均方误差(Mean Square Error,MSE)。

设一个原始图像为

$$\{a(i,j),0 \leqslant i \leqslant M-1,0 \leqslant j \leqslant N-1\}$$

相应的压缩后的还原图像为

$$\{b(i,j),0 \leq i \leq M-1,0 \leq j \leq N-1\}$$

误差图像为

$$\{e(i,j)=a(i,j)-b(i,j),0 \leq i \leq M-1,0 \leq j \leq N-1\}$$

则均方误差可表示为

$$\text{MSE} = \frac{1}{MN}\sum_{i=0}^{M-1}\sum_{j=0}^{N-1}e^2(i,j)$$

对数信噪比(Signal Noise Ratio,SNR)的表达式为

$$\text{SNR} = 10\lg\left\{\frac{\sum_{i=0}^{M-1}\sum_{j=0}^{N-1}a^2(i,j)}{\sum_{i=0}^{M-1}\sum_{j=0}^{N-1}[a(i,j)-b(i,j)]^2}\right\}$$

峰值信噪比(Peak Signal Noise Ratio,PSNR)的表示方式为

$$\text{PSNR} = 10\lg\frac{255^2}{\text{MSE}}$$

在这 3 种评价标准中,最常用的是峰值信噪比。一般情况下,当 PSNR 大于 30 dB 时,重构图像的恢复质量比较好。

对压缩图像质量的第二种评价准则是主观准则,选择一组评价者对待评价图像打分,其平均值即为一个主观评价分。表 2-1 列出了两种典型的评分标准。

表 2-1　图像质量主观评分标准

得　分	第一种评分标准	第二种评分标准
5	非常好	感觉不到失真
4	好	感觉到失真,但无不舒服的感觉
3	一般	稍有感觉到不舒服
2	较差	不舒服
1	差	非常不舒服的感觉

2.1.3　基于小波变换的图像高效压缩技术

图像一般由多个分量组成,如彩色图像由 R、G、B 三个分量构成。分量之间存在一定的相关性,通过分量变换可以减少数据冗余度,提高压缩效率。分量变换可以分为可逆变换和不可逆变换。可逆变换既可以用于无损压缩,也可以用于有损压缩;不可逆变换只能用于有损压缩。在进行分量变换后,各个分量将进行单独处理。

不可逆变换将图像从 RGB 空间转换到 YC_bC_r 空间。其中,Y 为亮度分量,C_b 为蓝色色度分量,C_r 为红色色度分量。由于人眼对 Y 分量更敏感,因此通过对色度分量进行子采样来减少色度分量后,人眼将察觉不到图像质量的变化。其变换公式如下:

$$\begin{bmatrix} Y \\ C_b \\ C_r \end{bmatrix} = \begin{bmatrix} 0.299 & 0.587 & 0.144 \\ -0.168\,75 & -0.331\,26 & 0.5 \\ 0.5 & -0.418\,69 & -0.081\,31 \end{bmatrix} \begin{bmatrix} R \\ G \\ B \end{bmatrix}$$

$$\begin{bmatrix} R \\ G \\ B \end{bmatrix} = \begin{bmatrix} 1.0 & 0 & 1.402 \\ 1.0 & -0.344\,13 & -0.714\,14 \\ 1.0 & 1.772 & 0 \end{bmatrix} \begin{bmatrix} Y \\ C_b \\ C_r \end{bmatrix}$$

可逆分量变换采用一种类似于 RGB 空间到 YUV(也称 $YCrCb$)空间颜色变换的整数变换,满足可逆要求,变换公式如下:

$$\begin{bmatrix} Y \\ U \\ V \end{bmatrix} = \begin{bmatrix} (R+2G+B)/4 \\ R-G \\ B-G \end{bmatrix}$$

$$\begin{bmatrix} G \\ B \\ R \end{bmatrix} = \begin{bmatrix} Y-(U+V)/4 \\ U+G \\ V+G \end{bmatrix}$$

解码器中的反分量变换是对编码器中的正分量变换的逆操作。由于运算精度有限,因此除非变换是可逆的,否则反分量变换结果只能是原始数据的近似值。

不同于传统的变换,小波变换具有对信号进行多分辨率分析和反映信号局部特征的优点。通过变尺度和平移运算,小波变换在空域和频域上为图像提供大小可变的滑动窗口,在不同的尺度上对图像进行分析,同时获得图像在空域和频域上的局部特征。多级小波分解后,小波系数在邻近两级之间存在位置相关,通过多分辨表示对位置编码可反映图像的部分边缘信息,在保证压缩比的基础上,使重构的图像具有较好的主观质量,可避免 JPEG 标准因采用 DCT 变换带来的方块效应。

小波是科学家、工程师和数学家们共同创造的成果,今天它仍在蓬勃发展,并且日益受到学术界和工程界的密切关注,成为近代多门学科和多种领域的研究热点。它包括:数学领域的许多学科;信号分析、图像处理;量子力学、理论物理;军事电子对抗与武器的智能化;计算机分类与识别;音乐与语言的人工合成;医学成像与诊断;地震勘探数据处理;大型机械的故障诊断等方面。例如,在数学方面,它已用于数值分析、构造快速数值方法、曲线曲面构造、微分方程求解、控制论等;在信号分析方面的滤波、去噪声、压缩、传递等;在图像处理方面的图像压缩、分类、识别与诊断、去污等;在医学成像方面的减少 B 超、CT 和核磁共振成像的时间,提高分辨率等。在信号与图像压缩处理方面小波变换的特点是:压缩比高、压缩速度快、压缩后能保持信号与图像的特征不变,且在传递过程中可以抗干扰。基于小波变换的图像压缩方法很多,比较成功的有小波包最好基方法、小波域纹理模型方法、小波变换零树压缩、小波变换向量压缩等。

在数字信号处理中,信号可以通过一系列"基元"的线性组合来描述。信号 $f(t)$ 在空间 S 上的线性表示为

$$f(t) = \sum_i \alpha_i \psi_i(t)$$

式中,$\{\psi_i(t)\}_{i\in\mathbb{Z}}$ 在空间 S 上是完备的,称为 S 上的基。

例如,在离散时间信号处理中,经常用 $\sin x$ 函数的线性组合来表示一个带限信号,此时有

$$\psi_i(t)=\frac{\sin[\pi(t/T-i)]}{\pi(t/T-i)}, \quad \alpha_i=f(iT)$$

式中,$1/T$ 为奈奎斯采样频率。

同样,信号的小波表示也可以归入此框架中。相应地,$\psi_i(t)$ 就称为小波基,α_i 为小波系数。此时有

$$f(t)=\sum_i <\psi_i(t),f(t)>\psi_i(t)$$

式中,$<\cdot,\cdot>$ 为平方可积空间 $L^2(\mathbb{R})$ 或平方可积序列 $L^2(\mathbb{Z})$ 上的内积运算子。

小波,或称为分析小波,如同傅里叶变换中的三角函数,是小波变换的基本要素。小波及小波变换的定义如下:

定义 1 设 $L^2(\mathbb{R})$ 是一个可测的、平方可积的一维函数矢量空间,$\mathbb{R}$ 为实数集。小波是由满足 $\int_{\mathbb{R}}\psi(x)\mathrm{d}x$ 的函数 $\psi(x)$ 通过平移和缩放操作而产生的一个函数族,即

$$\psi_{a,b}(x)=|a|^{-1/2}\psi\left(\frac{x-b}{a}\right) \quad (a,b\in\mathbb{R}\text{且}a\neq0)$$

式中,$\psi_{a,b}(x)$ 为分析小波或连续小波;a 为伸缩因子;b 为平移因子;当且仅当母小波函数 $\psi(x)$ 的傅里叶变换 $\hat{\psi}(\omega)$ 满足以下可容性条件:

$$C_\psi=\int_{-\infty}^{+\infty}\frac{|\hat{\psi}(\omega)|^2}{|\omega|}\mathrm{d}\omega<\infty$$

定义 2 在定义 1 的基础上,函数 $f(x)$ 在 $L^2(\mathbb{R})$ 上的连续小波变换定义如下:

$$Tf(x)(a,b)=<f(x),\psi_{a,b}(x)>=|a|^{-1/2}\int_{-\infty}^{+\infty}f(x)\psi\left(\frac{x-b}{a}\right)\mathrm{d}x$$

从小波的可容性条件可知,母小波函数 $\psi(x)$ 是一个振荡且能量有限的函数,并且在时域上是快速衰减的。容易推出 $\psi(x)=0$,即母小波的傅里叶变换 $\hat{\psi}(\omega)$ 经过原点,这表明 $\psi(x)$ 在时域的均值为零。

小波变换的实质在于将 $L^2(\mathbb{R})$ 空间中的任意函数 $f(x)$ 表示成为在 $\psi_{a,b}(x)$ 的不同伸缩和平移因子上的投影的叠加,与傅里叶变换不同的是,小波变换将一维时域函数映射到二维"时间-尺度"域上,因此,$f(x)$ 在小波基上的展开具有多分辨率的特性。通过调整伸缩因子 a 和平移因子 b,可以得到具有不同视频宽度的小波以匹配原始信号的不同位置,达到对信号高频处作细致观察、低频处作粗略观察的目的。

在实际应用中,尤其是在数字信号处理领域,为了计算方便,需要使用离散小波变换进行分解,也就是将 $f(x)$ 的积分形式展开为离散和形式。所谓离散小波变换就是将 $\psi_{a,b}(x)$ 的参数 a 和 b 离散化。参数 a 和 b 离散为

$$a=a_0^m, b=nb_0a_0^m \quad (m,n\in\mathbb{Z})$$

离散小波可表示为

$$\psi_{m,n}(x) = |a_0|^{-m/2} \psi(a_0^m x - nb_0) \quad (m,n \in \mathbb{Z}) \tag{2-1}$$

特殊地,当 $a_0 = 2$ 且 $b_0 = 1$ 时,可以得到如下二进小波:

$$\psi_{m,n}(x) = 2^{-m/2} \psi(2^{-m} x - n) \quad (m,n \in \mathbb{Z})$$

定义 3 一个函数 $\psi \in L^2(\mathbb{R})$ 称为一个正交小波,如果式(2-1)所生成的函数族 $\{\psi_{m,n}\}$ 构成 $L^2(\mathbb{R})$ 的一个规范正交基,即

$$<\psi_{j,k}, \psi_{m,n}> \delta_{j,m} \delta_{k,n} \quad (j,k,m,n \in \mathbb{Z})$$

则对于任意 $f(x) \in L^2(\mathbb{R})$ 都能写成

$$f(x) = \sum_{-\infty}^{+\infty} c_{m,n} \psi_{m,n}(x) \tag{2-2}$$

其中,$c_{m,n} = <f, \psi_{m,n}>$。式(2-2)称为 $f(x)$ 的小波级数展开式,即一维小波变换基本形式。

二维离散小波变换最有效的实现方法之一是 Mallat 的塔式分解方法。提升算法(Lifting Scheme)相对于 Mallat 算法而言,是一种更为快速有效的小波变换实现方法。提升原理的基本思想从小波多分辨率分析开始,逐步修正直到实现满足一定特性的多分辨率分析,该算法由分裂、预测和更新三个基本运算构成,如图 2-2(a)所示。

① 分裂。将信号 $x(n)$ 分裂成相互关联的两个部分,即 $x_e(n)$ 和 $x_o(n)$,且 $x_e(n)$ 和 $x_o(n)$ 的相关性越强,分裂的效果越好。分裂采用 lazy 方法,即

$$\begin{cases} x_e(n) = x(2n) \\ x_o(n) = x(2n+1) \end{cases}$$

② 预测。用 $x_e(n)$ 来预测 $x_o(n)$,预测误差 $d(n) = x_o(n) - \mathrm{INT}\{P[x_e(n)]\}$。其中,$P[\cdot]$ 表示预测算子,$\mathrm{INT}\{\cdot\}$ 表示取整。

③ 更新。用 $d(n)$ 来修正 $x_e(n)$,使得修正后的 $x_e(n)$(记为 $c(n)$)只包含信号 $x(n)$ 的整体信息,即 $c(n) = x_e(n) + \mathrm{INT}\{U[d(n)]\}$,$U[\cdot]$ 表示更新算子。

反提升过程为上述过程的逆变换,如图 2-2(b)所示。提升算法是一种改善快速小波变换的方法,但是只有一些特殊的小波变换很容易用它构造,比如 Daubechies 族的双正交小波。从计算复杂度上看,D5/3 和 D2/6 小波的计算量最小,D9/7 小波的计算量最大;但 D5/3 和 D2/6 小波的压缩性能不如 D9/7 小波,D2/6 小波的压缩性能不如 D5/3 小波。最常用的两种小波是基于提升方案的 D5/3 整数小波和 D9/7 整数小波,两种小波计算如下:

① 基于提升方案的 D5/3 整数小波。

正变换:

$$\begin{cases} c(2n+1) = x(2n+1) - [x(2n) + x(2n+2)]/2 \\ c(2n) = x(2n) + [c(2n-1) + c(2n+1) + 2]/4 \end{cases}$$

逆变换:

$$\begin{cases} x(2n) = c(2n) - [c(2n-1) + c(2n+1) + 2]/4 \\ x(2n+1) = c(2n+1) + [x(2n) + x(2n+2)]/2 \end{cases}$$

② 基于提升方案的 D9/7 整数小波。

正变换：

$$\begin{cases} c(2n+1)=x(2n+1)+\alpha[x(2n)+x(2n+2)] \\ c(2n)=x(2n)+\beta[c(2n-1)+c(2n+1)] \\ c(2n+1)=c(2n+1)+\gamma[c(2n)+x(2n+2)] \\ c(2n)=c(2n)+\delta[c(2n-1)+c(2n+1)] \\ c(2n+1)=-Kc(2n+1) \\ c(2n)=(1/K)c(2n) \end{cases}$$

其中

$$\alpha=-1.586\ 134\ 342,\quad \beta=-0.052\ 980\ 118,\quad \gamma=0.882\ 911\ 075$$
$$\delta=0.443\ 506\ 852,\quad K=1.230\ 174\ 105$$

逆变换：

$$\begin{cases} x(2n)=Kc(2n) \\ x(2n+1)=-(1/K)c(2n+1) \\ x(2n)=x(2n)-\delta[x(2n-1)+x(2n+1)] \\ x(2n+1)=x(2n+1)-\gamma[x(2n)+x(2n+2)] \\ x(2n)=x(2n)-\beta[x(2n-1)+x(2n+1)] \\ x(2n+1)=x(2n+1)-\alpha[x(2n)+x(2n+2)] \end{cases}$$

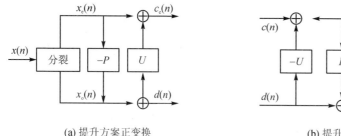

(a) 提升方案正变换　　　　　　　　　(b) 提升方案反变换

图 2-2　提升方案正变换与反变换示意

一级小波分解以后得到 LL_1、HL_1、LH_1 和 HH_1 四个子带,然后继续对 LL_1 子带进行分解。在这些子带中,LL_N 表示近似分量,即低频轮廓分量,集中了大部分能量;HL_N、LH_N、HH_N 表示细节分量,即高频细节分量,具有的能量非常少。对影像做三级小波分解,如图 2-3 所示。

原始图像经过小波变换后,需要对小波系数进行量化,实现更高的压缩比。图 2-3 表明,小波变换后的子带构成了一个金字塔型的结构,当从子带金字塔的最高层向最底层运动时,子带间的差异就在减小;而且已经观察到在子带间存在一个空间的自相似性,并且如果在子带金字塔中沿同样的空间方向向下运动,就可以期望系数得到更好的大小排序。这样就可以用一个树状结构来表示这种空间关系,这种树状结构就称为空间方向树,如图 2-4 所示。

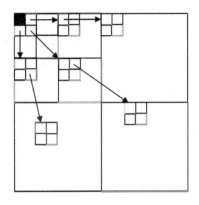

图 2 - 3　三级小波分解示意　　　　图 2 - 4　空间方向树的父子关系示意

基于空间方向树结构,分层树的集分割算法(Set Partitioning in Hierarchical Trees,SPIHT)将某一树节点及其所有后继节点划归为同一集合。小波系数集合重要性测试的定义如下:

$$S_n(T) = \begin{cases} 1, & \max[|C_{i,j}|] \geqslant 2^n \\ 0, & \text{其他} \end{cases}$$

其中,T 为测试的坐标集合;$C_{i,j}$ 为节点(i,j)的系数。如 $S_n(i,j)$ 为测试节点(i,j)系数的重要性,$S_n[D(i,j)]$ 为测试节点(i,j)的所有子孙节点中是否存在重要系数。

SPIHT 编码算法的思想是通过递减的阈值序列生成一系列重要图(或称位图)来逐步逼近每一个小波系数。为了有效地编码每一个位图,对于任意节点(i,j),引入如下四种集合:

① $O(i,j)$:节点(i,j)的四个直接后代节点(即四个子女节点)的坐标集合。

② $D(i,j)$:节点(i,j)的所有后代节点的坐标集合。

③ $L(i,j)$:节点(i,j)的除直接后代以外的所有后代节点的坐标集合,即 $L(i,j) = D(i,j) - O(i,j)$。

④ H:空间方向树所有根节点的坐标集合,即在小波塔形分解中的最高层节点的坐标集合。

这些集合之间的关系可以用图 2 - 5 来表示。除了根节点之外,对所有子节点(i,j),有

$$O(i,j) = \{(2i,2j),(2i,2j+1),(2i+1,2j),(2i+1,2j+1)\}$$

在算法排序过程中,使用部分空间方向树作为划分子集。集合划分规则如下:

① 由集合 H 和 $D(i,j)$ 形成初始划分,其中$(i,j) \in H$。

② 如果 $D(i,j)$ 是重要的,则它将被继续划分为 $L(i,j)$ 和 $O(i,j)$。

③ 如果 $L(i,j)$ 是重要的,则它将被划分为四个集合 $D(k,l)$,其中$(k,l) \in O(i,j)$。

在集合测试过程中,排序很重要。在实际实现中,重要信息被存储在三个列表中,

分别为 list of insignificant sets(LIS)、list of insignificant pixel(LIP)、list of significant pixel(LSP)。在所有列表中，每个系数元素以坐标(i,j)区分，其中 LIP 和 LSP 表示单个像素列表，LIS 表示集合 $D(i,j)$ 或者 $L(i,j)$ 的列表。为了区分二者，如果表示集合 $D(i,j)$，则记为 A 类型；如果表示集合 $L(i,j)$，则记为 B 类型。

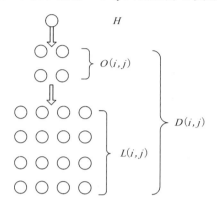

图 2-5　三级小波分解时 SPIHT 算法中的集合表示

算法如下：

(1) 初始化

输出 $n = \log_2[\max(|c_{i,j}|)]$；将 LSP 置空，把属于 H（所有根节点坐标集合）的所有节点坐标放入 LIP，并将其后代集合放入 LIS，标记为 A 型集合。

(2) 排序过程

① 对于 LIP 中的每个系数，输出 $S_n(i,j)$；如果 $S_n(i,j)=1$，则将坐标 (i,j) 移入 LSP 并输出系数 $c_{i,j}$ 的符号。

② 对于 LIS 中的每个元素 (i,j)：(a)如果是 A 型集合，那么输出 $S_n[D(i,j)]$；若 $S_n[D(i,j)]=1$，那么对于每个 $(k,l) \in O(i,j)$，输出 $S_n(k,l)$；如果 $S_n(k,l)=1$，则将 (k,l) 移入 LSP 并输出 $c_{k,j}$ 的符号；如果 $S_n(k,l)=0$，则将 (k,l) 增加到 LIP 的末尾；若 $L(i,j) \neq \varnothing$，则将 (i,j) 移动到 LIS 的末尾，作为 B 型集合，并转到步骤(b)；否则将 (i,j) 从 LIS 中删掉。(b)如果是 B 型集合，则输出 $S_n[L(i,j)]$；如果 $S_n[L(i,j)]=1$，那么将每个 $(k,l) \in O(i,j)$ 加入到 LIS 的末尾，并作为 A 型集合；从 LIS 中删除 (i,j)。

(3) 精细化过程

对于 LSP 中的每个元素 (i,j)，除去上一次排序得到的，输出系数 $|c_{i,j}|$ 的第 n 位重要比特。

(4) 更新量化步长

$n=n-1$ 转步骤(2)。

该算法有一个重要特点是，步骤②中加入 LIS 末尾的元素会被在当次排序扫描过程中评估。因此，所说的"LIS 中每个元素"即包括后面加进去的。在该算法中，比特率可以被精确控制，因为传输的信息是以单个比特形成的。编码器也可以在期望的失真处停止。

需要注意,算法中所有分支条件都基于编码器输出的重要数据 S_n(通过评估系数 $c_{i,j}$ 所得)。因此,为了得到期望的解码算法,它复制编码器的执行路径作为其排序的重要系数,简单地将输入改为输出即可。但每当解码器输入数据时,它的三个控制列表(LIS、LIP 和 LSP)和编码器端在输出数据的时候是相同的,即解码器确实可以从执行路径中恢复排序。编码和解码有同样的计算复杂度。

解码器的一个额外工作就是更新重构图像。对于 n,当一个坐标被移进 LSP 时,就可以得出 $2^n \leqslant |c_{i,j}| < 2^{n+1}$。因此,解码器使用这个信息,加上跟在输入 LSP 比特之后的符号比特,得到 $\hat{c}_{i,j} = \pm 1.5 \times 2^n$。在精细化过程中,当输入 $|c_{i,j}|$ 的二进制描述比特时,解码器就给 $\hat{c}_{i,j}$ 加上或减去 2^{n-1}。采用这种方式,失真在排序和精细化过程中逐渐减小。

2.1.4 任务导向的图像压缩技术

低空飞行器按三维空间航线执行任务时,一般对距离视点某段距离内的影像质量要求高,对距离之外的影像,受视野范围影响,标准会降低。另外,当执行搜救等任务时,对目标点附近影像质量要求高。因此,没有必要耗费大量的资源对整幅影像采用同样的压缩编码方式。将视野范围内的区域或目标点区域视为感兴趣区域,与非感兴趣区域区别开来进行压缩处理。基于感兴趣区域的编码就是把图像分成重要性不同的区域,根据区域重要性的不同采取不同压缩策略。这样的压缩既可保持图像的应用价值,又可获得较高的压缩效率,尽可能地减少图像的存储空间和网络的传输带宽。

当一幅图像从它的变换系数恢复时,每一个系数只对特定区域有贡献。因此,要对感兴趣区域以更高的质量编码就必须识别对感兴趣区域有贡献的系数,这些系数称作 ROI(感兴趣区域)系数,其他的称为 BG(背景区域)系数。国际上最前沿算法将 ROI 系数按比例放大,使 ROI 系数处于较高的位平面上,在编码比特流中,处于较高位平面的 ROI 系数位于较低位平面的 BG 系数前,先于 BG 系数得到编码和细化。在解码器端,ROI 系数将优先编码,即使编码比特流被截断,或在对整幅图像完全编/解码之前终止编/解码过程,ROI 也将获得比 BG 更好的图像质量。算法的关键是生成 ROI 掩码,即先进行 ROI 区域检测,有效地检测出图像使用者所感兴趣的信息,后期的 ROI 编码才有意义。

考虑到卫星影像的复杂性以及用户对特定区域的重视度,可以由用户自定义感兴趣区域。这只是建立了最原始影像的 ROI 位置信息,当原始影像变换到小波域时,需要计算在小波域各子带中对应的感兴趣区域系数的位置,即建立 ROI 模板 $M(x,y)$。ROI 在原始图像上,经过小波变换后,ROI 信息会分散到变换系数中去,ROI 掩码是一个比特平面,指出哪些小波系数是 ROI 系数。定义如下:

① $M(x,y)=1$,表示小波系数是 ROI 系数,比较重要。

② $M(x,y)=0$,表示小波系数是背景系数,相对不重要,可以牺牲该处的精度。

在每一级小波分解中,子带内的掩码也随着分解逐行逐列地更新,这样,掩码就能指明在本级哪些系数是属于感兴趣区域的,并且通过小波逆变换能产生前一级掩码内的系数。在重建过程中,逆变换的最后一步将两个子带合成一个,追溯到上一步就能找到所需的这两个子带内的系数。再上一步是把四个子带合成两个子带的过程,同样追溯一步就能找到属于四个子带的能精确重建前一级两个子带中掩码的系数。追溯全部过程就可得到所有的掩码系数,也就得到了掩码。当这些与掩码相对应的系数传送到解码器时,所定义的感兴趣区域就得以高质量地恢复(如果这些系数是无损压缩的,那么所得重建图像也是无损的)。

下面以使用整数 5/3 小波滤波器来做更具体的说明。设原始信号为 X_{2n} 和 X_{2n+1},L_n 和 H_n 分别是分解后的低频子带与高频子带,有如下关系:

$$X_{2n} = L_n - \frac{H_{n-1} + H_n}{4}$$

$$X_{2n+1} = \frac{L_n + L_{n+1}}{2} + \frac{-H_{n-1} + 6H_n - H_{n+1}}{4}$$

可见,重建 X_{2n} 需要 1 个低通系数 L_n 和 2 个高通系数 H_{n-1}、H_n,重建 X_{2n+1} 需要 2 个低通系数 L_n、L_{n+1} 和 3 个高通系数 H_{n-1}、H_n、H_{n+1} 来构成此时的 ROI 掩码。

这种方法是根据小波滤波器的结构来推出 ROI 系数的,因而与小波滤波器的具体类型有关,它能保证准确地找到所有的与 ROI 有关的系数。当感兴趣区域为矩形时,不需要建立 ROI 掩码,只需要知道图像域的水平、垂直方向的起始坐标和使用的小波滤波器,即可根据上述方法推导出各子带对应的水平、垂直方向的起始坐标,这样会大大提高形状信息的编码效率。

确定了 ROI 掩码后,根据它的指示,对 ROI 中量化后的小波系数进行比特位平面提升,可以采用最大位移算法进行:对量化后的所有小波系数进行一次统计,找到属于背景区的所有小波系数中的最大值 C_{max},并通过公式 $S \geqslant \log_2 C_{max}$ 来得到上移位数 S,应用该上移位数对小波变换系数进行上移位处理后,就可以保证所有属于感兴趣区域的非零数据都大于属于背景区域的数据的最大值,从而实现了感兴趣区域和背景区域数据的完全分离。只需将 S 作为参数写入码流即可。在解码器端不需要产生掩码,只需要将编码逆过程得到的图像数据与 S_2 进行比较:当数据大于 2^S 时,将它判定为感兴趣区域数据,并进行相应的 S 个位平面的下移位恢复;当数据不大于 2^S 时,判定为背景区数据,不对它进行处理。

经过上述内容总结,基于感兴趣区域、以小波变换为基础的卫星高分辨率图像的编码算法总体框架如图 2-6 所示。

与一般图像压缩类似,基于 ROI 的压缩编码技术也应该建立相应的评价指标来对压缩效果进行衡量,由此,研究一种评价模型。对于一幅图像,用户可能对多个区域感兴趣,并且对这些区域的感兴趣程度可能不同,假定对单个影像块感兴趣程度相同,可视为一个 ROI,对它们进行相同码率的压缩。首先从码率平衡的角度来看,对于 ROI 编码方法,则下式一定成立:

$$NR = N_R R_R + N_B R_B \tag{2-3}$$

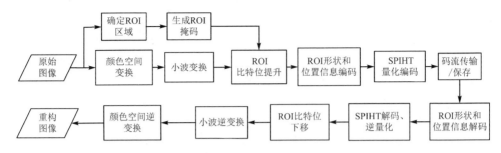

图 2-6　图像编码算法总体框架

其中, N 为图像的像素总数; N_R 为 ROI 的像素总数; N_B 为 BG 的像素总数; R 为全图目标码率; R_R 为 ROI 的压缩码率; R_B 为 BG 的压缩码率;而且与 N_R 和 N_B 的关系为

$$N = N_R + N_B$$

假定用户对 ROI 或 BG 内每个像素点的感兴趣程度相同,使用两个权值——关注度 L_R 和 λ_B 分别描述用户对这两个区域的感兴趣程度。当关注度大于 1 时,表示用户对该区域感兴趣,而且其值越大,表示用户对该区域的感兴趣程度越高;当关注度小于 1 时,表示该区域相对来说为背景区域,用户对其感兴趣的程度较低。此时,有如下关系式:

$$NR = N_R R \lambda_R + N_B R \lambda_B \Leftrightarrow N = \lambda_R N_R + \lambda_B N_B$$

关注度越大同时也意味着用户对该区域的失真越敏感,而且关注度是从像素角度出发的,因此,对传统的 MSE 进行修改,提出一种新的客观质量评价准则——RBMSE (ROI - Based MSE),其表达式如下:

$$\text{RBMSE} = \frac{\lambda_R \text{MSE}_R + \lambda_B \text{MSE}_B}{\lambda_R + \lambda_B}$$

其中, MSE_R、MSE_B 分别为 ROI 和 BG 的均方误差。同时,将 PSNR 修正为 RBPSNR (ROI—Based PSNR),即

$$\text{RBPSNR} = 10 \lg \frac{255 \times 255}{\text{RBMSE}}$$

当 N_R 或 N_B 减小为 0 时,RBMSE 将退化为传统的 MSE,而 RBPSNR 则转化为传统的 PSNR。

关注度定量描述了用户对图像不同区域的感兴趣程度,将用户对不同区域具有的不同感兴趣性加以定量化,从而可以实现对 ROI 编码结果的合理评价。

由用户的心理特性可知,对于 ROI,其面积 N_R 越小,用户对其关注度就越高,而对该区域的失真就越敏感,当 N_R 减小至 0 时, λ_R 将趋于 $+\infty$;反之,随着 N_R 的增大,用户对 ROI 的关注度将逐渐降低,对该区域的失真将越来越不敏感,当 N_R 增大至 N 时,ROI 变为了整幅图像,此时其关注度 λ_R 减小为 1。对于 BG,用户对其失真相对来说不是很敏感,即其关注度比较小,但是随着 BG 面积 N_B 的增大,用户越来越不能忽视其存在,该区域的关注度将逐渐增大,当 N_B 增大至 N 时,BG 即为整幅图像,此时其关注度 λ_B 增加至 1。反之,当 N_B 减小至 0 时,用户可忽略其存在,其 λ_B 此时将趋于

0。因此,由以上分析可知,λ_R 和 λ_B 应满足以下四个条件:

① λ_R 与 N_R 成正比,即随着 N_R 的增加,λ_R 单调递减。

② 当 $N_R = N$ 时,$\lambda_R = 1$;当 $N_R \rightarrow 0$ 时,$\lambda_R \rightarrow +\infty$。

③ λ_B 与 N_B 成正比,即随着 N_B 的增加,λ_B 单调递增。

④ 当 $N_B = N$ 时,$\lambda_B = 1$;当 $N_B \rightarrow 0$ 时,$\lambda_B \rightarrow +\infty$。

基于以上条件,仿照 Weber-Fechner 法则,构造 λ_R 如下:

$$\lambda_R = 1 + \frac{1}{k} \ln \sqrt{\frac{N}{N_R}}$$

式中,k 为调整因子,表示用户对 ROI 的重视程度,其范围为 $0 \leqslant k \leqslant 1$。通常情况下 k 的取值为 1。

确定了 λ_R 以后,可确定 λ_B:

$$\lambda_B = \frac{N - \lambda_R R_R}{N_B} = \frac{N - \lambda_R (N - N_B)}{N_B}$$

2.2　卫星遥感和测绘信息的多分辨率无缝组织与检索

数字高程模型(Digital Elevation Model,DEM)是用于描述地球表面形态多种信息空间分布的有序数值阵列。DEM 常用 RSG(规则格网)和 TIN(不规则三角网)两种方式表示。其中 RSG 模型易于组织与管理,应用最为广泛,但有两个缺点:一是不能准确表示一些地形特征,为避免这些问题,可采用附加地形特征点来描述地形结构;二是当地形平坦时有大量数据冗余,增加数据管理难度,通常要进行压缩存储。TIN 模型数据冗余小、存储效率高、网形强度好、具有三角网拓扑关系,且能较好地顾及地形特征并适合多层次表达,但需要存储大量拓扑结构,使得其组织管理难度大。数字高程模型的可视化表示如图 2-7 所示。

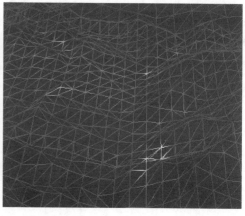

图 2-7　数字高程模型的可视化表示

基于 RSG 进行地形表面建模如图 2-8 所示,其数据结构简单,类似图像的栅格数据结构。规则格网数据通常是由平面离散点通过插值得到的,一般情况下存在着数据冗余,即相邻格网点高程一般比较接近,可以采用间隔采样或树数据结构方式简化地形数据。另外,规则格网数据便于视景体裁剪和碰撞检测。

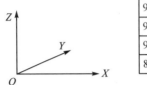

91	90	87	89
90	89	86	88
90	88	85	84
89	86	84	83

图 2-8　基于 RSG 进行地形表面建模

规则格网的高程矩阵可以很容易地用计算机进行处理,特别是栅格数据结构的地理信息系统。它还可以很容易地计算等高线、坡度坡向、山体阴影并自动提取流域地形,成为 DEM 使用最广泛的格式,目前许多国家的 DEM 数据都是以规则格网的数据矩阵形式提供的。格网 DEM 的缺点是不能准确地表示地形的结构和细节,为避免这些问题,可以采用附加地形特征数据(如地形特征点、山脊线、谷底线、断裂线)描述地形结构。

规则格网一般被剖分为三角网绘制,可以采用逐个三角形绘制方式,一般更多的是采用三角形条带绘制方式。在 OPENGL 的 API 基础上,采用 GL_TRIANGLE_STRIP 图元绘制一串相连的三角形可以节省时间。这样在为最初的三角形指定前三个顶点之后,每增加一个三角形只需要指定一个点,该点与前两个顶点组成一个三角形,但要保证第一个三角形顶点按逆时针方向排列。不过,最新图形硬件的绘制能力大幅提高,绘制一个三角形的开销已经比选择合适的三角形条带的开销小许多。

格网 DEM 是以固定采样间隔按矩形或者正方形格网排列的数据形式,每一格网节点和其他相邻格网节点的拓扑关系都已经隐含在行列号中。此时,根据该区域的原点坐标和格网间距,任意格网点的平面位置可由相应矩阵元素的行列号经过简单的运算而获得。因此,对于格网数据,除了每个格网节点处的高程值以外,只需要记录最大、最小坐标范围和格网行列数。这种结构不仅简单、占用存储空间少,而且还可以借助于其他简单的栅格数据处理方法(如行程编码法、四叉树方法、多级网格法和霍夫曼编码法等)进行进一步的数据压缩处理。

基本规则格网的地形表示方法数据结构简单,处理方法类似栅格图像的处理,数据的组织管理和显示调度等易于实现,但难以表达复杂的地形特征,适用于小比例尺地图应用。由于 TIN 模型中顶点分布的任意性,在表达地形特征的形状和精确性上较为灵活,特别是当地形包含大量特征线(如断裂线、构造线)时,TIN 模型能更好地顾及这些特征,因此它适合于大比例尺地图应用。由于 TIN 模型数据结构复杂,预处理和可视化的实时计算量大,因此对计算机硬件要求也较高。

对于规则格网地形数据,有时候原始格网大小满足不了实际应用的需求,实践中往往需要在原始的 DEM 数据中通过某种算法来得到一些新的内部点的高程值。DEM 内插是指根据若干相邻参考点的高程求出待定点上的高程,在数学上属于插值问题。按内插点的分布范围,可将内插分为整体内插、分块内插和逐点内插三类。DEM 内插通常采用分块内插来保留地面细节,并通过块间重叠度保持内插面的连续性,是应用中较常用的策略。其中双线性内插法(见图 2 - 9)简单直观,常被用于实际工程。由三角形的三个顶点双线性内插点的高程值的算法为

$$\begin{cases} z_l = z_1 + (z_2 - z_1)(x_l - x_1)/(x_2 - x_1) \\ z_q = z_1 + (z_3 - z_1)(x_q - x_1)/(x_3 - x_1) \\ z_p = z_l + (z_q - z_l)(x_p - x_l)/(x_q - x_l) \end{cases}$$

基于 TIN 进行地形表面建模如图 2 - 10 所示,通过从不规则分布的数据点生成的连续三角面来逼近地形表面。三角网被视为一种最基本的网络,既可适应规则分布数据,也可适应不规则分布数据,既可通过对三角网的内插生成规则格网网络,也可根据三角网建立连续或光滑表面。在所有可能的三角网中,狄洛尼(Delaunay)三角网在地形拟合方面表现最为出色,常被用于 TIN 的生成。

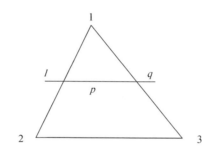

图 2 - 9　双线性内插法

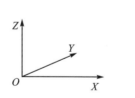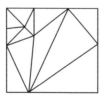

图 2 - 10　基于 TIN 进行地形表面建模

高分辨率地形带来的海量数据远远超过了计算机的实时处理能力,使得数据无法被一次性调入内存。为了实现飞行中导航视景的实时绘制,需要对数据的组织结构进行处理,还要对数据的调度过程实行高效率的管理。

2.2.1　多分辨率层次细节模型技术

层次细节(Levels of Detail,LOD)技术最初由 Clark 在 1976 年提出,其基本思想是用不同的分辨率或层次细节表示同一个场景或者模型。该方法广泛应用于虚拟现实和计算机图形学等学科。采用一定的算法为场景中的不同物体或者同一场景中的不同

区域选择适当分辨率的细节模型,从而在满足最低帧速率的前提下最大程度地提高三维场景的视觉效果,也能够在不影响视觉效果的前提下,大幅减少模型数据的数据量,进而有效地提高系统的运行速度和交互性能。LOD 的选择与观察者的视点位置密切相关,在视景漫游过程中,随着观察者的视点和视线方向的变化,观察到的场景也会发生变化。因此,作为三维地形实时渲染的关键技术,基于视点的 LOD 相关算法成为近年来的研究热点。

LOD 技术是一种符合人的视觉特征的技术。对于距离视点较远的局部场景或者物体,经过观察、投影变换后在屏幕上显示的往往只有几个像素甚至一个像素。因此,不论是采用具有全部细节信息的模型还是采用经过适当合并和删减细节的简化模型进行绘制,对于屏幕绘制者或者观察者来说,结果是一样的。在三维场景绘制过程中,对于不同位置的地形场景,可以采用不同的细节模型来描述:对于距离视点较远的地形区域,可以采用较为粗糙的模型来绘制;对于距离视点较近的地形区域,就用比较精细的模型绘制。多分辨率 LOD 可以理解为:同一三维场景采用不同的 LOD 模型来绘制,其级别由待绘制区域与视点的相对位置关系来决定,且各个区域的 LOD 级别随视点的移动实时更新。

LOD 模型是对原始集合模型按照一定的算法进行简化后的结构模型。简化后的模型在数据数量上比原始的模型减少了很多,这样就降低了对计算机的运算要求,提高了数据操纵的速度,缩短了人机交互操作的时间,因此,大大提高了图形渲染的效率。LOD 技术提出的思想为多边形简化技术指明了方向,三维地形的简化技术更是以此为基础进入了空前繁荣的阶段。

根据模型生成的时间来划分,层次细节模型可以分为静态 LOD 和动态 LOD。静态 LOD 是基于数据预处理的思想,在绘制之前通过相关简化算法预先生成一组具有不同复杂度和不同层次细节的模型,每一个模型对应一个分辨率的层次细节,绘制时根据视点位置直接调用对应层次的细节模型,近视点采用精细模型,远视点采用粗糙模型;动态 LOD 是与视点紧密相关的层次细节模型,在绘制前只有最高分辨率的原始模型,在绘制过程中根据视点位置由对应绘制算法自动生成与视点相适应的层次细节。动态 LOD 不需要预先生成多个分辨率的模型,减少了工作量,节省了存储资源;对于每个区域场景,分辨率层次的选取是实时动态生成的,以高分辨的原始数据为处理基础,需要占用大量的计算处理时间,同时伴随着较多内存的消耗。

离散 LOD 与连续 LOD 相比较,前者占用了存储资源而节省了 CPU 资源,后者虽然节省了存储资源却消耗了 CPU 资源。虽然连续 LOD 模型在地形渲染上比离散 LOD 模型效果好,但是由于该模型的建模原理与现实生活中人们观察大规模场景的物理机制和生理机制还有很大差距,因此,要想在大规模的地形环境中产生最佳效果,目前还是远远不够的。为了提高在低空飞行器视景导航过程中的绘制效率,以前期的数据处理得到各层细节模型是值得的。因此,静态 LOD 更能满足课题的需求。

不同粗细程度的 LOD 模型通常根据原始模型自动生成,网格简化的目的是把一个用多边形网格表示的模型用一个近似模型表示,近似模型虽然基本保持了原模型的可视特征,但顶点数目少于原始网格的顶点数目。通常的做法是把一些"不重要的"图元(顶点、边或三角形)从多边形网格中移去。LOD 模型的简化和生成必须尽可能在某些方面与原模型保持一致,以下为常用的模型一致性度量标准:

(1) 局部误差度量

局部误差度量是一种简单的误差度量算法,即以点在原有模型和近似模型中的高度之差作为度量。比如使用点到平面的平均距离作为局部误差度量。

(2) 曲率度量

当用三角形网格描述物体表面时,根据曲率可以很好地区分表面的一些特征(如地形数据中的峰、谷、脊)。当进行简化时,可在高曲率处保留尽量多的点,而在低曲率处删除尽量多的点。如通过计算顶点和三角形的曲率,把新顶点分布在曲率较大的三角形上。

(3) 全局误差度量

全局误差是指所有点上近似误差的总和。控制全局误差虽然通常可以得到较好的近似效果,但也会增加计算量和算法的复杂性。在网格精化过程中,所增加的顶点必须有尽量小的全局误差。如可以把全局误差精确地定义为两个多边形网格表示的曲面之间的 Hausdorff 距离。

(4) 特征角度量

多边形网格中顶点的重要性可以用特征角来衡量。特征角可以定义为顶点处任意两个相邻三角形的法向量之间的夹角中的最大者。

2.2.2　多分辨率瓦片金字塔模型技术

金字塔模型作为一种多分辨率层次模型,采用倍率的方法构建,形成多个分辨率层次,如图 2-11 所示。从金字塔的底层到顶层,虽然分辨率越来越低,但表示范围不变。构建地形(纹理和高程)金字塔模型,为地形可视化系统提供不同分辨率的地形数据。

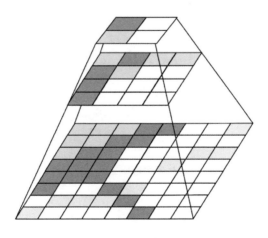

图 2-11　多分辨率金字塔结构

当应用系统绘制某一帧地形场景时,为了实现细节层次,根据视点远近需要不同分辨率的地形子块,地形数据金字塔可以直接提供这些数据而无须进行重采样。如果没有金字塔模型,则必须在原始地形数据的基础上进行实时简化,以达到细节层次效果。金字塔模型虽然增加了数据的存储空间,但能够减少完成每帧地形绘制所需的总时间。分块的瓦片金字塔模型还能够进一步减少数据访问量,提高系统的输入输出执行效率,从而提高系统的整体性能。它主要完成海量 DEM 数据的纵向分层和横向分块工作,而层与层之间实现连续平滑过渡须采用 LOD 技术。

采用等间隔对地形数据根据金字塔模型进行分层分块,如图 2 - 12 所示。方案规则如下:

规则 1:第 $K+1$ 层的分辨率为第 K 层的 2 倍,该倍率同时约束地形模型和纹理模型。金字塔每层横向和纵向块号的编排顺序为从左至右、自下而上。

规则 2:低级别数据采样于高一级块,最高分辨率块直接采样于原始数据。LOD 最大级别为 30,最小级别为 0。

规则 3:对于每个地形面片和纹理面片,最大分别为 64、256,而且每个面片长宽比例介于 0.717 和 1.414。

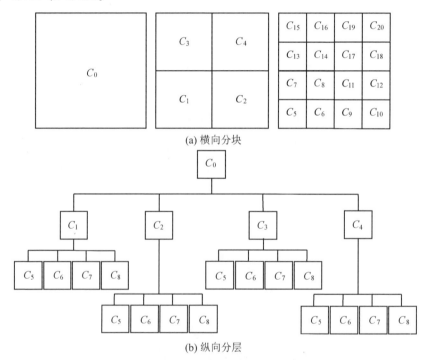

(a) 横向分块

(b) 纵向分层

图 2 - 12 瓦片金字塔模型四叉树组织结构

按上述规则进行组织的原因如下:

规则 1:采用 2 倍率作为金字塔模型的基本倍率,与四叉树特点吻合。

规则 2:低级块数据采样于高一级数据块,可以确保相邻两个 LOD 级别的数据具有连续性,最大限度降低视觉跳跃感。规定 LOD 最大值,确保纹理的视觉效果。LOD

级别过高,出现纹理像素拉伸;LOD 级别过低,出现像素挤压。

规则 3:不论以何种方案分块,数据块最终都要存储到外存单元中。如果数据块数量过少,则单次传输数据量大,导致不必要数据载入内存;若数据块数量过大,则索引速度慢,增加数据通信开销。面片形状主要方便于纹理贴图。

分块的金字塔模型构建步骤如下:

① 根据原始 DEM 数据源的采样间隔查找对应高程金字塔的层次:例如要对全国 1∶25 万 DEM 数据入库,根据数据精度查找得到对应金字塔的层次为 13 层,因此,当数据入库时,需将原始数据按第 13 层数据块大小进行分割并存储。

② 一般得到的原始数据精度并不一定与金字塔的某一层正好对应,这就要对数据源进行变换,使数据分辨率与相应层的分辨率一致。

③ 对数据源进行剖分,所剖分的地形块须和金字塔对应层的地形块经纬坐标对应起来。

④ 由生成的下层瓦片抽稀生成其上层瓦片。

⑤ 若有一块的高程差小于某一界定值,则为了减少数据量,可以不用存贮该块的具体数据及其子孙节点,当取该块数据时,由父节点数据插值得到。

⑥ 由于数据源的差异,地形数据分块后,最后一行和最后一列的分块宽高可能不能满足本层数据块大小的要求。为了保持数据结构的一致性,数据量不足的分块可补充某一常数,当使用该数据块时,再删除这些补充的数据。

在实际应用中可能会得到多块不同分辨率的具有重叠或者包含关系的源数据,或者后期得到同一地区更高分辨率的数据,需要依次或者后续添加新的源数据。例如得到 1∶25 万的全国地形数据后又得到 1∶5 万的北京市地形数据,并且随时可能加入更高分辨率小区域数据。当需要加入新的更高分辨率的源数据时,仍可按照上述步骤将高分辨率数据进行剖分,加入金字塔对应层次和区域中,并重新抽稀采样,更新上层数据块。

以后续添加新的源数据为例,简要步骤如下:

首先说明一些常用参数:数据部分的长度 n_x、宽度 n_y;起始位置的横坐标 x_s、纵坐标 y_s;单位网格的长度 x_{cell}、宽度 y_{cell}。

① 根据 x_{cell}、y_{cell} 算出数据源的精度,用高程金字塔各层的精度与源数据精度比较,找到与源数据精度最接近的层 layer;调整数据源精度,与 layer 层相同。

② 设 layer 层单位网格的间隔为 cell,被剖分数据块最终点的经度 $x_e = x_s + n_x x_{cell}$,最终点的纬度 $y_e = y_s + n_y y_{cell}$;算出 (x_s,y_s) 与 (x_e,y_e) 所在的块号 (x_{blocks},y_{blocks}) 和 (x_{blocke},y_{blocke}),则新加入的数据在 layer 层的 (x_{blocks},y_{blocks}) 和 (x_{blocke},y_{blocke}) 间的矩形区域内,在第 layer-1 层的 $(x_{blocks}/2,y_{blocks}/2)$ 和 $(x_{blocke}/2,y_{blocke}/2)$ 间的矩形区域内,依次类推,在第 0 层的 $(x_{blocks}/2^{layer+1},y_{blocks}/2^{layer+1})$ 和 $(x_{blocke}/2^{layer+1},y_{blocke}/2^{layer+1})$ 间的矩形区域内。然后依次查找该区域内每个瓦片对应的数据范围,逐块添加数据。

多分辨率瓦片金字塔模型是一种静态 LOD 技术,将各瓦片按照四叉树组织结构存储于外存中。当绘制地形时,根据视点和地形简化误差调入相应的瓦片,在瓦片的基础上通过动态 LOD 技术构建多分辨率瓦片块,简化地形绘制。

2.2.3 地形数据的高效索引技术

数字高程模型和纹理数据模型数据量是庞大的,常常是十多吉字节甚至上百吉字节。例如美国 USGS 生产的 1:200 万数字制图数据库需要制成一张光盘,而美国全国 1:10 万水系和交通数据,全套则达 14 张光盘。我国已建成的 1:100 万基础地理信息数据库的数据量近 300 MB,1:25 万基础地理信息数据库的数据量为 8 GB,1:5 万数字高程模型数据量达 150 GB 之多。与之相对应的遥感影像的数据量就更大,仅福建省 30 m×30 m 分辨率的 24 位 BMP 格式的遥感影像就有 700 MB,该省 1 m×1 m 分辨率的影像数据量是 630 GB,全国七大江河流域的 1 m 分辨率的 DOM 数据量达 308 GB。如何设计这些庞大数据的存储及索引机制,有效地支持三维地形可视化的应用需求,使得三维场景的实时交互绘制能够高效实现是一个关键问题。考虑到四叉树结构在地形表示上的优势以及高程数据金字塔和纹理数据金字塔是一种基于四叉树结构组织的数据模型,本小节将介绍地形数据的四叉树索引机制,以及地理上相邻数据块在存储空间中的关系,同时介绍对大规模数据的管理方法。

数据库的索引机制可以用来快速访问一条特定查询所请求的数据,而无须遍历整个数据库。对一个数据集建立索引,就是为了提高检索这个数据集的效率。地形数据通常基于对象的空间位置(如经纬度)进行获取和更新,对地形数据的查询与获取需要执行快速的几何搜索运算(如点查询、区域查询等),所有这些运算以快速存取地形数据对象为运算基础,要支持这些快速搜索操作就必须引进地形数据的索引机制。由于目前不存在完全有序的空间对象序列用以保证空间接近,换句话说,不存在能够保证任何两个在高维空间接近的对象在一维排序序列中也相互接近的降维映射,因此很多经典的一维索引方法(有时也称单键结构,如 B-树、可扩展哈希表等)不能被很好地用于地形数据的索引。这使得空间域高效数据索引的设计比传统的数据索引困难得多。一种可行的进行多维数据搜索查询的方法是连续使用一维索引,逐维进行处理。这种方法由于每个索引的遍历都独立于其他索引,不能利用某一维的高选择性去缩小剩余维数的查找空间,因此效率非常低,不能满足课题应用需求。因此,必须为地形数据库建立专门的索引机制——空间索引。

所谓空间索引就是指当存储空间数据时依据空间对象的位置和形状或空间对象之间的某种空间关系,按一定顺序排列的一种数据结构,其中包含空间对象的概要信息(如对象的标识、外接矩阵)及指向空间对象实体的指针。作为一种辅助性的空间数据结构,空间索引介于空间操作算法和空间对象,通过它的筛选,大量与特定空间操作无关的空间对象被排除,从而提高空间操作的效率。

数据库结构实质上是一种索引结构,即通过建立空间索引,实现数据的快速查找、存取和分析操作等。

　　四叉树是一种每个节点最多有四个子树的数据结构。它又称为四元树或四分树，是有效地处理栅格数据的方法之一，绝大部分图形操作和运算都可以直接在四叉树结构上实现。也有人说四叉树是在二维空间中定位像素或者区域的唯一合适的算法。因为在二维空间中，空间数据可以被重复地分为大小、结构相同的四部分。分割的原则是，将已知分布范围的二维空间数据区域划分为四个大小相同的子块，而每个子块又可被继续划分为下一层的四个子块，直到划分到满足终止划分的条件为止。这样就形成了一个基于四叉树的空间划分。树中的每一个节点都覆盖地形中一块矩形区域，根节点覆盖整个地形区域，子节点所覆盖的地形区域为父节点所覆盖的地形区域的 1/4，子节点分辨率比父节点分辨率高一倍。从四叉树中可确定每个对象实例的被索引属性值（经纬度）属于哪个最小范围块，然后将该数据块进行标记。由于四叉树是基于空间划分组织索引结构的索引机制，因此必须预先知道空间（地形）数据的分布范围才能建立索引，这个条件在处理地形数据时一般是满足的。

　　四叉树结构简单、使用灵活，尤其是在表示地形上有独特的优势：首先，四叉树结构与地理方位（东南、东北、西南、西北）相对应；其次，瓦片金字塔模型的结构与四叉树的结构很相似，高程数据金字塔和纹理数据金字塔模型都可以方便地转换成四叉树结构；再次，用四叉树结构表示地形，可以通过子节点的省略达到数据压缩，这对于数据量庞大的地形数据来说，意义重大；最后，地形可视化涉及大规模的纹理信息，四叉树的结构便于实现纹理映射技术。

　　四叉树结构是数字地球领域常用的数据结构。当用四叉树结构表示地形时，对地形数据作不同精度的等间距采样，建立瓦片金字塔。每个节点表示瓦片金字塔中的一块地形采样数据——相同精度的采样数据，即瓦片金字塔中的同层数据构成四叉树的同层节点。对于树中任意相邻层的节点，上一层节点的采样精度是下一层节点的采样精度的一半。父节点表示一块非底层数据，是由它的四个子节点数据合并而成的。父节点和四个子节点结合起来表示同一个区域的数据。在树中位于上层的节点采样点少，绘制代价小，误差大；下层的采样点多，绘制速度下降，误差小。通过采用视点相关的算法选择位于不同层的节点实现对视景区域多分辨率的表示。绘制时每一帧所需要访问的节点数目由图形显示质量而不是地形数据的数据量来决定，由于每一帧只需要访问整个数据的一部分，因此即使在海量数据地形绘制的情况下，也可以实现较高的绘制效率。

　　采用四叉树结构构建瓦片索引和管理瓦片数据，点四叉树的每个节点存储了一个节点的数据信息及其四个子节点的指针，且隐式的与一个索引空间相对应。将该节点对应的索引空间分为两两不相关的四个子空间，分别与它的四个子节点相对应。对于位于某一子空间的数据，分配给对应的子树。图 2-13 和图 2-14 表示了瓦片金字塔多分辨率地形表示与四叉树的对应关系。

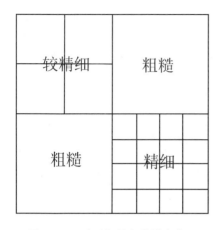

图 2－13　地形场景多分辨率表示

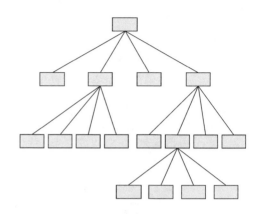

图 2－14　索引四叉树

四叉树的建立方式有两种:自顶而下方式和自底而上方式。这里重点研究的是自顶而下方式,方法如下:

构建四叉树瓦片索引,与构建的瓦片金字塔对应。根节点对应第 0 层数据(第 0 层只有一块数据的情况),按照由顶层到底层逐层建立叶节点对应下层瓦片。新增加的叶节点编码长度增加两位。当生成叶节点时,父节点对应瓦片的划分从地形左下角开始,"从下到上,从左至右"依次进行:左下编号 00,右下编号 01,左上编号 10,右上编号 11,将这些编号添加到父节点的编号后,作为子瓦片的编号。这样瓦片金字塔与四叉树逐层对应,就可对瓦片金字塔建立四叉树索引。

使用四叉树建立索引,把复杂庞大的高分辨率地形数据转化为层次鲜明、分布规则的具有金字塔样式的瓦片拓扑模型,其拓扑关系主要包括两个方面:同一层瓦片间的邻近关系和上下层瓦片间的父子关系。与一个瓦片具有邻近关系的瓦片是指该瓦片的东、南、西、北四个方向上的瓦片,如图 2－15 所示。上下层次间的父子关系中,非金字塔底层瓦片的下一层中东南、东北、西南、西北四个方向上的瓦片为该瓦片的子瓦片,如图 2－16 所示。反之,该瓦片是这四个子瓦片的唯一的父瓦片。利用这些拓扑关系,可以快速地索引到与特定瓦片相邻的瓦片。

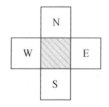

图 2－15　邻近关系

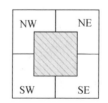

图 2－16　父子关系

在瓦片金字塔模型中,用 l 标记瓦片在模型中的层次,用 r 表示瓦片在该层中的行号,用 c 表示瓦片在该层中的列号。可以用坐标 (r,c,l) 来唯一表示任何一个瓦片,则金字塔模型中与该瓦片相关的拓扑关系表示为：

(1) 同一层次瓦片间的邻近关系

与该瓦片相邻的东、西、南、北四个方向上的瓦片坐标依次为$(r+1,c,l)$、$(r-1,c,l)$、$(r,c-1,l)$、$(r,c+1,l)$。

同层瓦片之间的相邻关系在它们的编码上也有很好的表现。对于上下(南北)相邻的瓦片，它们的对应编码的奇次位相同。当寻找固定瓦片上方瓦片时，只需要逐次改变编码的偶次位，直到找到比该编码大的编码为止；当寻找固定瓦片下方瓦片时，同样逐次改变编码的偶次位，直到找到比该编码小的编码为止。同理，左右(东西)相邻的瓦片对应编码的偶次位相同，逐次改变奇次位以寻找其相邻瓦片，右侧瓦片的编码大于左侧瓦片的编码。

(2) 上下层瓦片间的父子关系

该瓦片下层的东南、东北、西南、西北四个方向上的子瓦片的坐标依次为$(2r+1,2c,2l)$、$(2r+1,2c+1,2l)$、$(2r,2c,2l)$、$(2r,2c+1,2l)$。

该瓦片上层的双亲瓦片的坐标为$(r/2,c/2,l-1)$。

当基于视点索引对应瓦片时，需要逐层寻找满足分辨率要求的瓦片，上下层瓦片编码间的联系可以有助于快速定位至邻层瓦片。这种联系是：下层瓦片编码是上层瓦片编码的扩展。当寻找下层瓦片时，只需要在上层瓦片编码的基础上添加两位编码，就可以快速索引到更高分辨率的瓦片。索引上层瓦片也只需要把当前瓦片编码后两位去掉。

对高分辨率地形数据建立瓦片金字塔模型，分层分块处理的策略有效地实现了合理减少参加屏幕绘制的数据量、降低算法时间复杂度。与此同时，相对于原高分辨率地形数据，新生成的瓦片数据增加了大量的冗余，同时不再是两个文件(DEM 和 DOM)而是成百上千的瓦片，加重了数据存储与管理的负担。

2.2.4 任务区域地形数据管理方法

在低空飞行器执行任务前须进行航线规划，低空飞行器飞行范围的自由度较低，必须严格按照规划航线进行，这为地形数据的管理带来了便利。分别在本地和低空飞行器上建立全国地形数据库与任务区域地形数据库。出行前将任务区域内的数据载入机载硬盘，可带来两方面的好处：(a)节省机载存储空间；(b)地形数据少，查找速度快，解决了全国地形数据索引复杂的问题。本地的全国地形数据库主要研究数据源的导入；机载地形数据库重点研究机载数据的管理以及数据的查找方法。通过对任务区域的数据进行管理，为数据调度做好准备，便于数据查找的快速进行。

对源数据分层分块后，生成了大量的 DEM 文件和 DOM 文件。瓦片数据的存储和管理一般有两种方法可供选择：一是使用大型数据库软件进行管理；二是直接使用文件夹系统进行管理。前者适合海量数据的存储，后者适合较少量数据的管理。全国地形数据库数据量庞大，管理工作复杂，可采用数据库软件(如 Oracle 等)进行管理；机载任务区域的地形数据库数据量相对较小，机载导航设备计算和存储资源有限，采用文件

47

夹系统进行管理。

(1) 数据库软件管理

该方法主要用于数据量达到 TB 级别的全球大规模海量数据库的管理,借助大型数据库软件的强大功能高效地管理地形数据。当前主流的商用数据库软件主要包括 Oracle、MySQL、DB2、SQL Server、SYSBASE 等。Oracle 和 MySQL 在管理海量空间数据方面具有明显的优势。

Oracle 是一个较早商品化的关系型数据库管理系统,也是应用广泛、功能强大的数据库管理系统。它作为一个通用的数据库管理系统,是一种对象-关系型数据库管理系统,Oracle Spatial 空间数据库组件可以存储和管理空间数据,支持面向对象的功能,比如支持类、方法、属性等。

(2) 文件夹系统管理

文件夹系统管理是利用文件夹路径以及文件的命名建立起来的一套索引方法,特点是经济、实用。在数据量较小的情况下,搭建大型数据库软件所消耗的资源(软件使用费用、硬件资源的占用)可能大于它所带来的好处,采用文件夹系统管理比较合适。

① 为每个瓦片文件命名。命名规则中包含了四叉树的结构思想。如图 2-17 所示,除最顶层和第一层的瓦片外,每个瓦片的名字继承父节点的名字,同时兄弟节点分别编号 00、01、10、11 以区分地理位置关系。对于每个瓦片,文件名也是它在四叉树中的路径,内含了该瓦片在四叉树索引中的层次和位置信息。

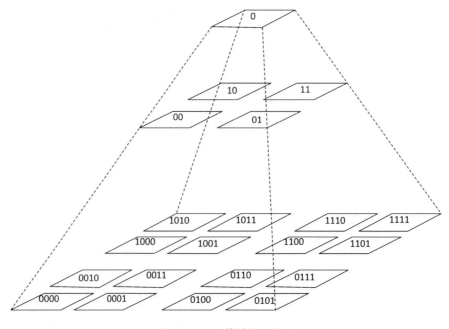

图 2-17 瓦片的编码方法

② 分别给每一种数据类型建立一个文件夹。在根目录"Data"下,为影像数据建立文件夹"Image",为地形数据建立文件夹"DEM"。在每种数据类型中,为每层建立一个

文件夹,用层次号来命名。在每一层的文件夹中,再为每一列建立一个文件夹,以瓦片的横坐标来命名,如图 2 - 18 所示。按照这个规则建立地形数据的文件夹管理系统。例如:第 5 层最左下角的数据命名为 000000. dem,放入 Data/DEM/5/0 的文件夹。

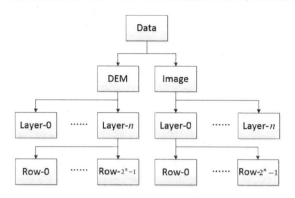

图 2 - 18　文件夹管理

在确定需要的地形数据范围和精度后,可以快速地确定它在磁盘中的位置。

在对地形数据分块后按照四叉树的结构设计了瓦片金字塔,并建立了文件夹管理系统。要访问瓦片四叉树中某一节点的数据,必须知道该数据的路径名以及文件名。假定已经根据视点位置的地理坐标确定了所需地形块的块号,下面的问题是确定它的文件名以及在磁盘中的存储路径。

问题建模为:已知块号 p(xblock,yblock)和它的层号 layer,求该地形块在地形文件夹管理系统中的文件名和存储路径。

根据块号(xblock,yblock)和层(layer)计算地形块文件名的算法如下:

```
GerName(int layer,int xblock,int yblock)
{
    li = (1≪(layer - 1));
    for(k = 1;k< = layer;k + + )
    {
        i0 = (xblock&li)? 1:0;
        j0 = (yblock&li)? 1:0;
        Sbuf[kk + + ] = 0x30 + i0 + j0 * 2;
        li≫1;
    }
}
```

通过上面的小程序得到的字符串即为(xblock,yblock)块在文件夹管理系统中的文件名。由于在建立地形数据金字塔时依照四叉树的结构,因此能够根据地形块的文件名快速定位它的存储位置:

① 地形块所在列文件夹名为地形块文件名的奇数位构成的二进制编码对应的十进制数字。如地形块 0101110100,抽取奇数位 11110,它在第 30 列。

② 地形块所在的层文件夹名为 layer。

③ 文件类型名根据所需的瓦片类型选择 DEM 或者 DOM。

由上可得到完整的索引路径。例如需要绘制第 5 层的 0101110100 块的纹理,它的完整存储路径为 Date/DOM/5/30/0101110100. dem。

2.2.5 基于复杂地形的半规则网格构建技术

由于基于规则的高分辨率地形数据的规则精度并不适用于所有地形场景,因此基于四叉树结构的方法并不能提供一种合适的数据组织方法。基于 TIN 的地形简化方法通过预先处理过程能消除不必要的细节数据,从而剔除冗余;剩余的数据集不再是一种可以直接用于基于四叉树结构方法的规则格网。为充分利用两者的优点,将规则格网和不规则三角网特性结合在一起,研究一种基于复杂地形的半规则多分辨率模型(Semi-Regular Multiresolution Models,SRMM)构建技术。

要实现算法,关键是在一定的误差控制下对地形模型进行简化。采用四叉树层次结构模型来表示多分辨率地形。根据四叉树节点的性质,将整个地形以相邻块边界数据重复地分成 $(2^n+1) \times (2^n+1)$ 块。所分块大小与内存页面大小保持一致,以降低数据块调度时的缺页中断次数。当相邻块边界数据重复时,为了最后合并小块地形,各分块间连接处能自动保持二阶连续性。分块后的地形数据以文件形式被存储在硬盘中,可以根据需要为每块地形建立金字塔模型数据结构。

分块完成后,采用基于四叉树的 LOD 简化算法对地形进行实时连续绘制。采用自顶向下的方式逐一对地形进行分割,如图 2-12(a)所示。这样一直分层次地递归分割地形,直到最高分辨率为止,就建立起整个地形的四叉树结构,以高效地构建 SRMM。当创建 SRMM 时,只需要根据相应的误差度量标准来动态地从四叉树中选取具有合适细节层次的节点三角形来表达地形即可。

对于每个节点三角形而言,它与显示区域的关系有三种:完全在区域内、完全在区域外、与区域相交。对于第一种情形,由于三角形的三个顶点在视景体内,因此其所有子节点均在可见区域内,不再进行判断;对于第三种情形,不作裁剪处理,只要判断有一个顶点在视景体可见区域内,即绘制该三角形,虽然绘制了视景体外的部分,但省去了裁剪处理的大量计算,性能并未降低。

为保证实时连续的显示效果,当绘制进入视景体可见区域的地形面片(四叉树节点三角形面片)时必须采用不同的分辨率。在地形实际交互浏览中,决定采用的地形面片分辨率的因素有两个:地形面片所描述地形本身的复杂程度和地形面片与视点之间的关系。前者由节点最大覆盖误差量化,后者由节点与视点间的空间距离及节点三角形面积在视线正投影区的比例共同决定。

设四叉树节点三角形为 $T_i(P_{i1}, P_{i2}, P_{i3})$,包含的网格点为 $TP_{Ij} = \{P_{I1}, P_{I2}, \cdots, P_{Ik}\}(j=1,2,\cdots,k)$,若 T_i 的平面方程为 $Ax+By+Cz+D=0$,则它包含的网格点 TP_{Ij} 到 T_i 的距离为

$$d(T_i, TP_{Ij}) = |AP_{Ij}x + BP_{Ij}y + CP_{Ij}z + D| / \sqrt{A^2+B^2+C^2}$$

为减少计算量,可以用 d^2 代替 d。节点三角形 T_i 的最大覆盖误差为

$$f_{\text{Error}} = \max[d(T_i, TP_{Ij})]$$

如图 2-19 所示,在 $ABCD$ 可见区域内,视点敏感部应在可见区中部,即 M 处的分辨率最高;C 点和 D 点离视点最远,其分辨率最低;M_1 虽然离视点最近,但其分辨率并不是最高的。设视点 E 与 M 之间的距离(即视线 $\overrightarrow{EM}$ 的模)$|\overrightarrow{EM}| = d$,可见区域中任一节点三角形中心 i 距离视点 E 的距离为 d_i,则节点与视点间距离对分辨率的影响函数为 $\mu_1 = f(d, d_i)\mu_0$(μ_0、μ_1 为修正前后的误差控制阈值;μ_0 由用户交互输入并可动态调整)。修正函数 $f(d, d_i)$ 描述为

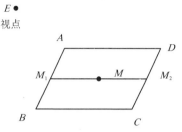

图 2-19 视点与节点的关系

$$f(d, d_i) = \begin{cases} \lambda_f \dfrac{d_i}{d} & (d_i \geqslant d) \\[2mm] \lambda_n \dfrac{d_i}{d} & (d_i < d) \end{cases}$$

式中 λ_f、λ_n 分别为基于 d 距离视点远近分辨率变化的敏感系数,其缺省值为 1。

通过此函数可以保证可见区域中点(即视线与地面的交点)的分辨率最高,可见区域中远离视点的区域分辨率较低,并且可通过实时交互方式设置敏感系数 λ_f、λ_n 来控制分辨率的变化程度。一般认为可视化对象在正投影区域需要细节丰富一些,而在侧投影区的细节可能相对粗糙一些,因此,将显示效果 υ 量化为原始面积与投影区面积之比,即当前视线方向与节点三角形面片法向量的矢量点积,该值越小说明对最终显示的贡献越小,如果节点三角形面片与视线垂直,则达到最大。此因素对分辨率的影响函数为

$$\mu_2 = f(\upsilon)\mu_1$$

修正函数 $f(\upsilon)$ 描述为

$$f(\upsilon) = \frac{1}{1 + \lambda_\upsilon |\upsilon|}$$

其中,λ_υ 为显示效果敏感系数,缺省值为 1,通过设置该系数可以控制分辨率的变化程度。当节点完全处于侧投影区时分辨率不变(此时 $\upsilon = 0$,$f(\upsilon) = 1/(1 + |\upsilon|)$),若取 $\lambda_\upsilon = 1$,则 $\mu_2 = \mu_1/2$,分辨率提高一倍。

将地形面片绘制分辨率的确定算法简单描述如下:

① 根据初始误差控制阈值 μ_0 和四叉树节点三角形的 f_{Error} 确定组成视景体可见区域的三角形网络覆盖 T_{υ_0},此时形成的多分辨率地形与视点无关。

② 根据节点与视点的距离计算 $\mu_1 = f(d, d_i)\mu_0$,以 μ_1 和 f_{Error} 为标准对远离视点的区域进行简化,形成 T_{μ_1}。

③ 由视线分量与节点法向量的点积 υ 计算 $\mu_2 = f(\upsilon)\mu_1$,以 μ_2 和 f_{Error} 为标准对 T_{μ_1} 中非侧投影区的节点进行细化,形成 T_{μ_2}。

步骤①和②在视景体可见区域中所形成的多分辨率地形,由于考虑了视点位置和视线方向,其误差控制阀值不再一致。远离视点的节点的误差控制阀值被放大,靠近正投影区的节点的误差控制阀值被减小,进一步优化了显示效果。

按照上面的方法生成的地形网格,相邻节点分辨率不同会造成节点连接处出现裂缝。对此,采用垂直边缘法来避免这种问题。其主要思想是:在各节点边界周围生成垂直边缘填充裂缝,垂直边缘的顶部为节点的边界值连成的折线,其底部为节点块最高分辨率模型在该边界处的最小值,这样就可以确保在该边界的所有边界网格点在该底部之上。垂直边缘比较容易构建,其纹理可以直接采用节点的纹理,这样就可以有效避免裂缝的出现,如图 2 - 20 所示。

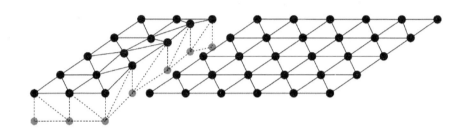

图 2 - 20 裂缝消除

基于复杂地形的半规则网格构建技术绘制流程如图 2 - 21 所示。

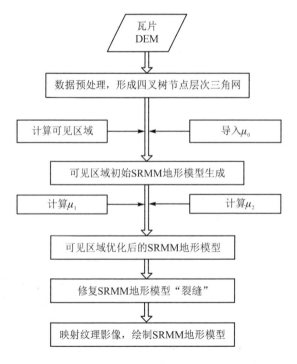

图 2 - 21 SRMM 地形绘制流程图

2.3　卫星高分辨率信息基础数据管理

为保障视景导航与辅助引导信息的全面、完整、准确、有效,必须根据任务及时更新飞行范围内的各类卫星信息及目标信息。卫星高分辨率信息基础数据管理子系统可在后台单独运行,旨在为系统提供加载、管理所需的各类信息。

通过实验对比发现,基础数据管理主要受分层分块数据结构的影响,而这可以归纳为五个方面:LOD 级别、视觉精度、数据索引速度、三维地形分析精度、系统管理方便程度。提出一个五边形模型来表现这五个方面的相互关系,如图 2 - 22 所示,各个要素两两之间若存在连线则说明两者之间是相互影响的。从图 2 - 22 可以清晰看出 LOD 级别是对其他四个依据均有影响的重要要素。

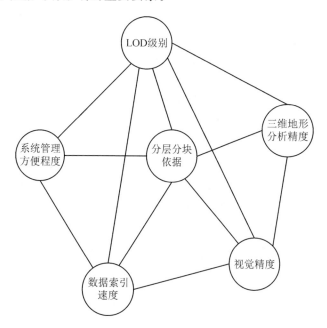

图 2 - 22　数据分层分块的五点依据

(1) LOD 级别

从图 2 - 22 可以看出 LOD 级别是最重要因素,影响其他要素。LOD 级别越高,地形数据分辨率也就越高,三维地形分析精度就越好,反之亦然。视觉精度随着 LOD 级别的增大而变高。随着 LOD 级别的增大,相同区域内所存储地形数据的文件也会不断增多,势必降低数据的空间索引速度,因此,在确定 LOD 级别的过程中必须权衡数据索引速度这个重要因素。LOD 级别增大对系统管理方便程度也有影响:LOD 级别增大,文件数量增多,系统负责管理的文件数量也就增多,管理的方便程度就相应降低;反之,随着 LOD 级别减小,文件数量减少,系统负责管理的文件数量也就越少,系统管理的方便程度就得到了有效的提高。因此,LOD级别是分层分块五个依据中最为重要的一个,当对数据进行组织管理时必须重点考虑其影响。

(2) 视觉精度

视觉精度与LOD级别、三维地形分析精度和数据索引速度相互关联。在讨论LOD级别的过程中已经解释过视觉精度和LOD级别之间的关系,这里不再阐述。视觉精度取决于某区域单位面积中网格的稀疏程度,网格越稀疏,视觉精度越低,反之越高。三维地形分析精度也同样符合这个原则,因为三维地形分析精度的高低与参与分析的原始数据存在很大联系,原始数据精度越高(等价于网格越密集),地形分析出的结果也就越精确,可以认为视觉精度与三维地形分析精度存在正比例关系。同样,视觉精度越高对应于网格较密集的情况,同一区域对应的文件数就会增多,文件数量的增多直接影响数据索引速度。因此,需要平衡视觉精度与数据索引速度之间的矛盾,做到速度与效果都达到最佳。

(3) 数据索引速度

数据索引速度的快慢取决于分层分块以后文件数量的多少和每个文件的大小,以及索引机制。它与LOD级别、视觉精度、系统管理方便程度相关联。之前已经阐述过数据索引速度与LOD级别和视觉精度之间的关系,这里仅说明它与系统管理方便程度的关系。两者表面上似乎不存在必然联系,但本质上关系密切。数据索引速度基本上取决于文件数量的多少和每个文件的大小,文件数量越多,索引速度越慢;单个文件越大,索引速度越慢。对于系统管理的方便程度来说,文件数量越少,文件越小,管理起来就越方便。对于某区域某段时期内固定的数据总量来说,文件数量与文件大小这对矛盾显然是存在的。因此,必须找到文件数量与文件大小之间的平衡点,使得数据索引速度和系统管理方便程度这两种效能都能达到相对较优。

(4) 三维地形分析精度

分析精度与模型的分辨率密切相关,模型分辨率越高,分析精度越好。例如求一个区域的面积,17×17 的DEM分块方案和 33×33、65×65 的方案得出的这个区域的面积的精度是不一样的,显然 65×65 的方案得出的区域面积相对更精确。较高的模型精度对绘制速度影响较大,这就需要平衡三维地形分析精度与视觉精度之间的矛盾。同样需要解决的是三维地形分析精度和LOD级别之间的矛盾,因为随着LOD级别增大,数据信息更为详细,也影响了地形绘制速度,必须在地形绘制速度和分析精度之间找到最佳结合点。对不同分辨率模型的高程进行查询测试,查询同一个坐标点的高程,结论为高分辨率模型的地形分析精度更为精确,且更具说服力。

(5) 系统管理方便程度

相对小的系统可以使用文件来管理数据,不需要安装数据库系统,系统移植方便。另外,文件数量的多少和文件的大小也影响系统的管理。将分层分块后的金字塔模型数据存储在文件中,按照四叉树结构组织空间索引,便于系统管理。系统管理方便程度为其他要素服务。

上面的模型结构有利于理解技术数据的组织管理方法,并且体现了各个要素相互交叉、融合和不能孤立存在与发展的特点。数据组织管理和多分辨率地形环境构建以上述要素为基本依据。

2.3.1 DEM 数据组织与管理模块

对于输入的数字高程数据,首先按照地理信息进行分块编码,基于地形复杂度生成半规则网格;然后进一步抽取出多分辨率金字塔数据结构,并建立空间索引;最后建立地形的多尺度多分辨率金字塔数据结构。DEM 数据组织与管理流程如图 2-23 所示。

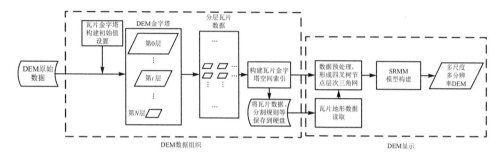

图 2-23 DEM 数据组织与管理流程

按金字塔层次结构存储数据,并按文件名进行数据块检索。图 2-24 为 DEM 数据存储文件结构。

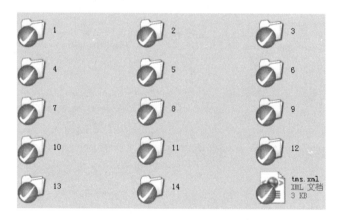

图 2-24 DEM 数据存储文件结构

子目录中的文件按四叉树结构进行组织,如图 2-25 所示。

DEM 金字塔分割配置文件保存在根目录中,后缀名.xml。如图 2-26 所示,记录每层 DEM 数据的分辨率水平。

依据视点与地形瓦片的距离和地形复杂程度,在规则 DEM 数据块的基础上(即瓦片金字塔数据,见图 2-27)构建的多分辨率地形如图 2-28 所示。

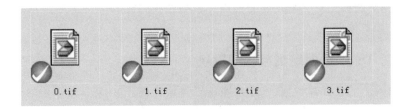

图 2 - 25　四叉树地形组织

```
<tileset href="" order="0" units-per-pixel="1.200000000000000000000000">
</tileset>
<tileset href="" order="1" units-per-pixel="0.599999999999999800000000">
</tileset>
<tileset href="" order="2" units-per-pixel="0.299999999999999900000000">
</tileset>
<tileset href="" order="3" units-per-pixel="0.149999999999999900000000">
</tileset>
<tileset href="" order="4" units-per-pixel="0.074999999999999970000000">
</tileset>
<tileset href="" order="5" units-per-pixel="0.037499999999999990000000">
</tileset>
<tileset href="" order="6" units-per-pixel="0.018749999999999990000000">
</tileset>
<tileset href="" order="7" units-per-pixel="0.009374999999999997000000">
</tileset>
<tileset href="" order="8" units-per-pixel="0.004687499999999998000000">
</tileset>
<tileset href="" order="9" units-per-pixel="0.002343749999999999000000">
```

图 2 - 26　金字塔配置存储管理文件

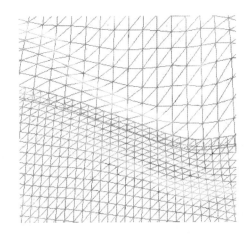

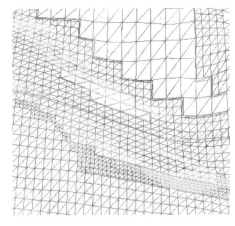

图 2 - 27　规则 DEM 数据分布　　　　图 2 - 28　SRMM 地形网格结构

2.3.2　卫星影像数据组织模块

对于输入的卫星影像信息,根据 DEM 利用影像分块技术、空间索引技术、数据的无缝组织技术和多分辨率金字塔的数据组织技术,对卫星影像进行分块组织。对各层数据进行编码压缩,建立空间索引,得到影像数据的多比例尺多分辨率金字塔数据结构。

　　卫星影像金字塔构建规则与 DEM 金字塔构建规则一致,具体框架略有不同。卫星影像数据组织与管理流程如图 2 - 29 所示。

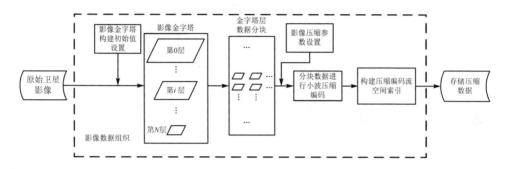

图 2 - 29　卫星影像数据组织与管理流程

影像压缩结果存储格式如图 2 - 30 和图 2 - 31 所示。

图 2 - 30　数据层次存储结构示例

图 2 - 31　压缩数据存储格式示例

系统中影像显示结果如图 2 - 32 所示。

图 2 - 32　影像绘制示例

2.3.3　矢量栅格化数据组织模块

矢量主要用于环境增强,如图 2 - 33 所示,DOM 为数字正射影像。矢量数据结构不统一,拓扑关系复杂,构建多分辨率模型需综合考虑。当实时绘制时,根据视点的位置和视线方向,选择静态矢量图层并确定矢量图层的显示范围和显示精度,由此确定需

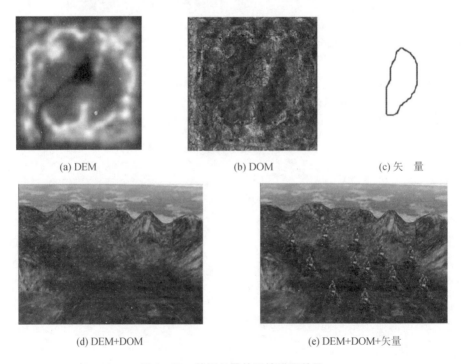

(a) DEM　　　　　　　　　　(b) DOM　　　　　　　　　(c) 矢　量

(d) DEM+DOM　　　　　　　　　　　(e) DEM+DOM+矢量

图 2 - 33　基于矢量的环境增强效果

要绘制的矢量分块集合,实时简化生成满足精度要求的动态矢量图层。多分辨率矢量数据的构建需要考虑两方面的因素:一是矢量拓扑结构的简化;二是矢量元素数据量的简化。生成不同分辨率的矢量图层,当视点离地面很远时,可以一次性调入分辨率较低的矢量图层;当视点距离地面较近时,须调入分辨率较高的矢量图层。由于场景细节过多,可能超出计算机的实时处理能力,因此必须进行场景裁剪。矢量数据实时简化以矢量分块为单位进行,矢量分块的简化程度依赖于视点位置和视线方向。

对矢量栅格化数据进行合并,实现数据的有效组织,按图层建立多分辨率金字塔,建立空间索引机制,如图 2-34 所示。

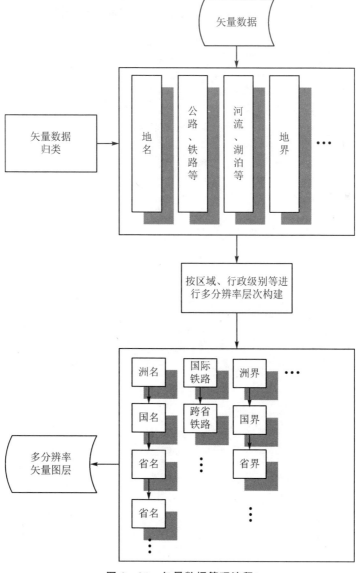

图 2-34 矢量数据管理流程

2.3.4　基础数据管理平台

基础数据管理平台在后台独立运行,主要负责上述数据的组织与管理,并将最终的处理结果以约定的数据结构写入可插拔的活动数据盘中。该平台由相应的管理界面进行参数控制。

DEM 数据参数通过控制界面实现数据输入,主要包括 DEM 层名称、坐标系类型(地心坐标系类型或平面投影坐标系类型)、数据源目录、瓦片数据存储目录、DEM 数据作用范围等,如图 2-35 所示。将生成的多分辨率地形数据存储到指定的外存中。

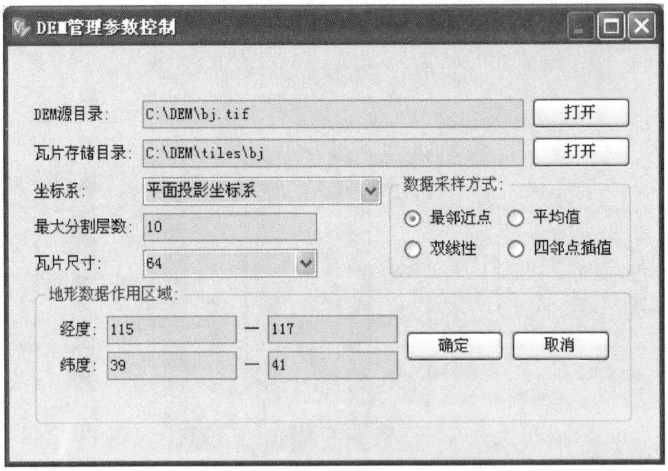

图 2-35　DEM 参数设置界面

构建多分辨率影像金字塔、进行数据组织管理界面如图 2-36 所示。

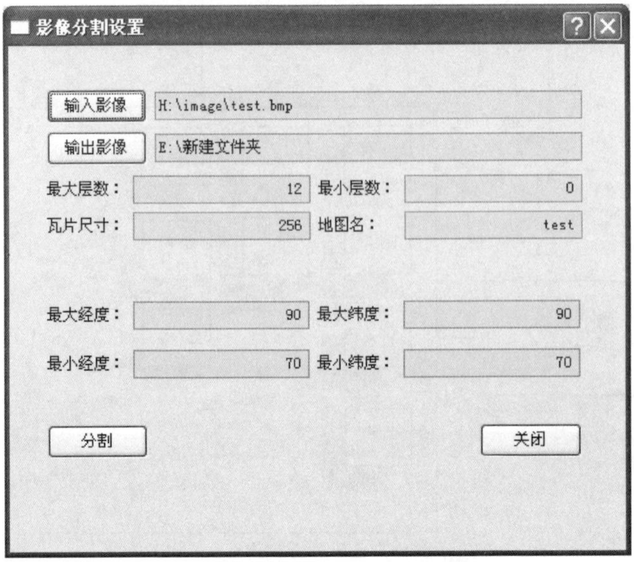

图 2-36　影像金字塔构建参数设置

对分割后的数据库进行数据压缩,参数控制管理及压缩过程如图 2 - 37 所示。将压缩后的影像文件存储到指定的外存中。

图 2 - 37 影像压缩管理

矢量数据提供道路、地名等重要标注信息,通过如图 2 - 38 所示的编辑界面对指定矢量层数据进行编辑,将编辑后的结果存储到指定外存中。

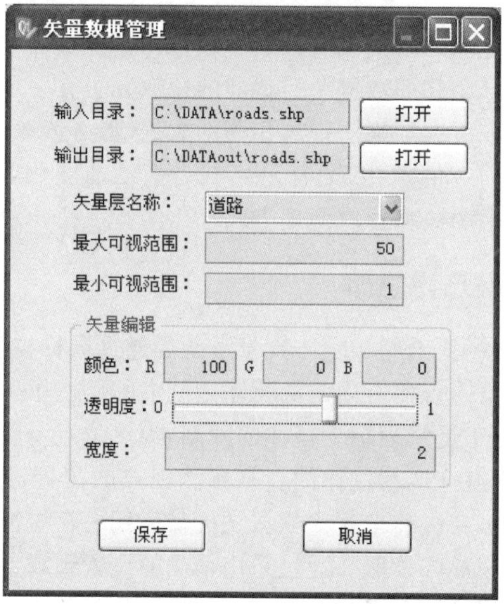

图 2 - 38 矢量数据管理

第3章　低空飞行环境高动态可视化表达

三维地形场景绘制是三维战场环境实时仿真与表现的重要内容。随着地形测绘技术的发展和应用需求的深入,地形数据规模持续增长,对三维地形场景绘制的调度效率提出了越来越高的要求,特别是视点高速运动的低空飞行器可视导航场景,需要频繁地进行场景更新,使得调度效率很难满足需求。此外,飞行员在飞行过程中需要全方位掌握各个视角的实时信息,需将多视点集成显示到前方显示屏上。因此,需要研究高动态飞行条件下多视点三维战场环境实时仿真与表现技术。

3.1　基于视点预测的数据预取方法

迫于地形数据量的压力,不得不将庞大的地形数据存储在硬盘中,当绘制时实时动态读取数据到内存。随着处理器硬件技术的发展,地形绘制的瓶颈不再是 CPU 的计算速度,而是硬盘和内存间的数据调度延迟。当前的解决方法主要是基于视点的数据预取,如预取与当前视域相邻的数据块。这样的预取方法有一定的盲目性,因为视点的运动方向只有一个,预取所有与当前视域相邻的数据,势必读取大量和所需地形无关的数据,加重磁盘读取和内存的负担,尤其是当视点高动态变化时,这一问题更加严重。因此,需要采用更加高效的数据预取调度方法。

3.1.1　数据预取总体思路

视景导航中的三维场景绘制相较于视景漫游等通过鼠标控制视点的场景绘制具有鲜明的特点:视点与低空飞行器有固定的关系,如当采用舱内视角时,视点位置坐标就是载体所在的坐标。由于受物理运动规律的限制,视点位置不能随意变化,因此可以通过预测低空飞行器这个遵守运动规律的点来预测视点的位置,然后基于预测的视点选取下一时刻需要的数据,并提前把这些数据从硬盘读到内存缓冲区,当绘制系统真正需要这些数据时,直接从缓冲区读取。通过采用精确的位置预测方法,可以减少预取数据量,避免内外存之间数据传输延迟对绘制效率的影响。

基于视点预测的数据预取方法总体思路如图 3-1 所示。

该方法的主要步骤:

① 根据低空飞行器的历史飞行信息确定预测器参数,建立卡尔曼预测器模型。

② 使用预测器处理机载定位设备确定的当前位置,得到未来的低空飞行器位置。

③ 将未来的低空飞行器位置转化为视点位置并计算视域范围,根据视点与场景不

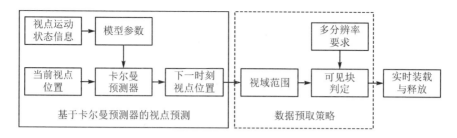

图 3-1　基于视点预测的数据预取方法总体思路

同区域的相对位置关系确定各个区域地形块的层次。

④ 进行数据的实时装载与释放。

视点预测采用卡尔曼预测器,预测精确、算法简便且成熟;采用基于固定时间间隔的预取策略,能够同固定时间间隔进行视点预测的卡尔曼预测器很好地结合;在数据更新过程中采用调度线程和绘制线程并行进行的策略,提高绘制效率。通过基于视点预测的数据预取,解决了外存绘制中的内外存传输延迟问题。

3.1.2　基于卡尔曼预测器的视点预测技术

借鉴状态估计中的航迹预测方法,进行视点的预测。目前,状态估计的方法有卡尔曼滤波算法、广义卡尔曼滤波算法、自适应卡尔曼滤波算法、鲁棒卡尔曼滤波算法等。状态估计的意义在于根据状态量(位置、速度等)的观测值,更加精确地估计真实值。在这些滤波算法中有一个重要的模型——卡尔曼预测器。

1960 年,卡尔曼(Rudolph E. Kalman)提出了一种通过数学算法从与被提取信号有关的观测量中估计出所需信号的滤波算法,被称为卡尔曼滤波器。同时,他提出了一种递推估计器——卡尔曼预测器。卡尔曼预测器实现了非平稳时变信号的时变估计。由于采用了递归技术,因此无须考虑多个过去的输入信号,而是当每次递归运算时,只考虑前一个输入信号即可。其基本原理是通过对当前(k 时刻)位置测量值 $Z(k)$ 的修正得到下一时刻($k+1$ 时刻)的最佳预测值 $\hat{x}(k+1/k)$,并保证它同真实值 $x(k+1)$ 的均方误差最小。卡尔曼滤波器是一种最优估计器,对状态矢量的估计是无偏的,并且方差最小。卡尔曼预测器阶数越高,预测越精确,同样,计算量代价越高。综合考虑应用需求和硬件条件,使用三阶向量卡尔曼预测器进行视点预测。

卡尔曼预测器的数学模型主要包含以下三个方程(称为向量卡尔曼预测器方程组):

预测方程:

$$\hat{X}(k+1/k) = A\hat{X}(k/k-1) + G(k)\left[Z(k) - C\hat{X}(k/k-1)\right] \qquad (3-1)$$

预测增益:

$$G(k) = AP(k/k-1)C^{\mathrm{T}}\left[CP(k/k-1)C^{\mathrm{T}} + R(k)\right]^{-1} = AK(k) \qquad (3-2)$$

预测均方误差:

$$P(k+1/k) = \left[A - G(k)C\right]P(k/k-1)A^{\mathrm{T}} + Q(k) \qquad (3-3)$$

式中,"( )"内为时刻标注,"/"后为前一时刻,"/"前为后一时刻;$\hat{X}$ 为预测值;A 为状态转移矩阵;C 为观测矩阵;Z 为位置测量值;R 为观测噪声协方差矩阵;Q 为单一信号协方差矩阵。

向量卡尔曼预测器的结构可由图 3-2 表示。z^{-1} 为延时器,即 $\hat{X}(k+1/k)$ 经过 z^{-1} 后变为 $\hat{X}(k/k-1)$。

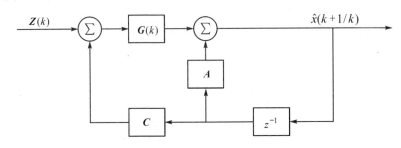

图 3-2　向量卡尔曼预测器结构

对低空飞行器运动状态建立三阶卡尔曼预测器。考虑低空飞行器运动速度、加速度对位置预测的影响,视点在 k 时刻的运动状态可记作:O_x、O_y、O_z、v_x、v_y、v_z、a_x、a_y、a_z,分别表示 k 时刻视点的位置、速度、加速度(三维场景中 3 个参数表示一个量),用一个 9 维向量 $X(k)$ 表示。$Z(k)$ 表示 k 时刻通过机载的定位设备观测到的低空飞行器当前位置 (O_x,O_y,O_z),是一个三维向量。有以下关系式:

$$\begin{cases} O_x(k)=O_x(k-1)+v_x(k-1)t+\dfrac{1}{2}a_x(k-1)t^2+\omega_1(k-1) \\ \cdots\cdots \\ v_x(k)=v_x(k-1)+a_x(k-1)t+\omega_4(k-1) \\ \cdots\cdots \\ a_x(k)=a_x(k-1)+\omega_7(k-1) \\ \cdots\cdots \\ z_x(k)=O_x(k)+v_x(k) \\ \cdots\cdots \end{cases} \quad (3-4)$$

即

$$\begin{cases} X(k)=AX(k-1)+W(k) \\ Z(k)=CX(k)+V(k) \end{cases} \quad (3-5)$$

其中

$$\begin{cases} R(k)=E\left[V(k)V^{\mathrm{T}}(k)\right] \\ Q(k)=E\left[W(k)W^{\mathrm{T}}(k)\right] \end{cases} \quad (3-6)$$

其中,A、C 可以通过式(3-4)推导出,A 为 9×9 阶矩阵,C 为 3×9 阶矩阵;W、V 分别为系统噪声和观测噪声,由视点运动状态和视点定位系统影响。求出这些参数,就得到了卡尔曼预测器模型。

输入当前的视点位置测量值 $Z(k)$,根据式(3-1)和式(3-2)就可以求出下一时刻的预测值 $\hat{X}(k+1/k)$。$\hat{X}(k+1/k)$ 包含了未来时刻视点的位置和视线方向信息(默认观察方向为前进方向,对于观察者可能出现的转头情况,设计特定的预取策略)。同时,式(3-3)还给出了预测的均方误差为 $P(k+1/k)$,它表征了卡尔曼预测器预测的精度,对于保证下一时刻真实视域不超出估计范围有重要意义。

当视角模式固定时,低空飞行器的位置与视点位置具有固定的相对位置关系。当采用舱内视角时,低空飞行器位置就是视点位置;当采用舱外视角时,视点位置在低空飞行器位置的后上方;当采用全景视角时,视点位置在低空飞行器的正上方。因此,通过上面的方法得到未来时刻低空飞行器的位置信息后,就可以快速地转换为未来的视点位置,基于预测视点位置进行数据调度。为了研究方便,认为低空飞行器的位置就是视点的位置。

3.1.3　预取数据的选取方法

通过卡尔曼预测器得到了未来时刻的视点位置,基于未来视点可以确定视域范围,以及场景中各区域的层次级别。下面将对可见块判定和预取间隔选择的方法进行研究。

卡尔曼预测器每隔固定时间间隔预测一个视点位置,系统需要在这个时间间隔内或者每隔几个时间间隔进行下一视域数据的预取。显然需要采用基于固定时间间隔的预取策略,即每隔固定的时间 τ 进行一次预取操作,τ 为相邻两帧图像间的时间间隔。如图 3-3 所示,在 $T(k-1)$ 时刻视点的位置为 O_{k-1},首先使用预测器预测下一视点的位置 O_k;然后确定一个数据集 S_k(视域范围),保证在 $T+\tau$ 时刻,系统所需要的数据不会超出 S_k,并对 S_k 中不在缓存区中的数据进行预取;而到了 $T+\tau$ 时刻,当前所需的数据都已调入内存中,同样根据当前的视点 O_k 确定新的数据集 S_{k+1},并对 S_{k+1} 中的数据进行预取,实际上只需要对 $S_{k+1}-S_k$ 中的部分数据进行预取。

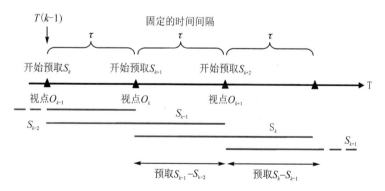

图 3-3　基于固定时间间隔的预取策略

无论是在卡尔曼预测器中,还是在固定时间间隔的预测策略中,都有一个重要的参数——时间间隔。时间间隔取得过大,卡尔曼预测器预测的精度就会降低;时间间隔取得太小,计算量就会增多,数据交换过于频繁。为了兼顾预测精度和数据交换频率,经过多次实验尝试,设定每隔 1 s 进行一次数据预取,即在 1 s 内绘制 25 帧图像,中间 24 帧的视点通过内插的方法获得。

根据低空飞行器的任务需求预取数据,例如在抗震救灾的人员搜救或者巡逻任务中,驾驶员对低空飞行器四周的地形都有兴趣,此时需要准备的数据应该是以低空飞行器为中心的圆形区域,如图 3-4 所示。圆形预取区域相对于其他形状的预取区域有两点好处:(a)可以保证随着视角的变化,视域不会超出预取区域;(b)选取速度快。

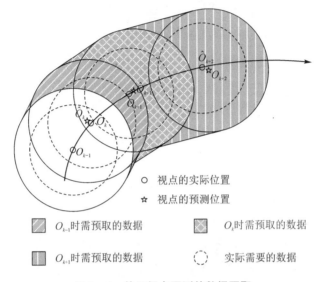

图 3-4 基于视点预测的数据预取

图 3-4 小圆圈表示视点的实际位置,五角星表示视点的预测位置,虚线圆形区域为驾驶员能够看到的视域范围。为了保证预取的数据包含下一时刻需要的全部数据,根据卡尔曼预测器的预测均方误差,适当增大预取区域半径(见图 3-4 实线圆形区域)。根据概率统计的知识,选择预取半径 $R = L + 3P$,这样可以保证真实视域不超出预取范围的概率约为 98%。图 3-4 视点预测位置(五角星所示)就是通过卡尔曼预测器求出的。

预取区域的范围可通过视点高度和视线夹角计算,即

$$L = h \tan \theta \tag{3-7}$$

最大视域范围受地球曲率影响,可根据下式求出:

$$L_{\max} = \sqrt{(r+h)^2 - r^2} \tag{3-8}$$

式中,$L_{\max}$ 为最远可见距离;r 为地球半径;h 为视点高度,可通过卡尔曼预测器求出。预取数据的最大范围不能超过 $L_{\max}$。

基于地形数据,已经通过分层分块建立了瓦片金字塔,在数据调度的过程中,以金字塔瓦片为最小单位进行地形数据调度,因此,需要将预取的圆形区域转换为可见地形块的列表。采用的地形块可见性判定方法是:从金字塔顶层由顶及底逐层逐块判断。

逐个计算每个地形块四个角坐标与视点的距离,小于预取范围半径 L 的标记为可见,反之,标记为不可见。在可见性判定的过程中,必须同时进行瓦片层次的选择,只有同时满足视域要求和精度要求的地形块才能被加入绘制链表中。

与基于邻近区域的投机预取方法相比,基于卡尔曼预测器的视点预测方法能够更加精确地预测未来视点位置,大幅减少预取数据量。减少的预取数据范围如图 3 - 5 所示,黑色阴影部分为基于视点预测的数据预取方法的预取范围,灰色斜线为减少的预取数据量。

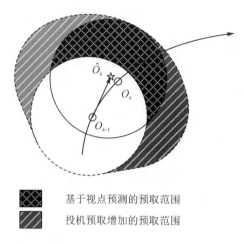

■■ 基于视点预测的预取范围

▨▨ 投机预取增加的预取范围

图 3 - 5　不同预取方法预取数据量对比

上述方法确定了下一时刻的视域范围。当视点位于低空飞行器上时,视域范围非常宽广,甚至能够延伸到地平线处。低空飞行器一般能够在 300 m 的高度飞行,最远视线距离约有 62 km。如果全部采用最高分辨率的地形数据,则数据量是硬件无法接受的。人类视觉有这样的规律:当看近处的东西时往往看得很清晰,能看到细节性的信息,而当看远处的东西时往往只能看到一个轮廓,而且投影到屏幕上也只能占据少量的像素点。根据该视觉规律,远处大范围的地形只需要使用较少数据量的小比例尺瓦片绘制,可以几何倍数地减少数据量,即三维场景的多分辨率绘制——调用不同精度的地形数据来绘制远近不同的场景区域。不同分辨率的数据表达地形的误差有很大的不同,分辨率高的数据表达地形的误差较小,分辨率低的数据表达地形的误差较大。需要综合考虑人眼的视觉规律与表达地形的误差,在场景绘制过程中选择一个最佳的地形分辨率数据层进行地形的绘制。

LOD 层次的选择通过计算地形块上夹面在投影平面的投影得到。地形块的上夹面是取该地形块内最高点作为整个地形块的高度形成的平面,地形块全部位于该平面的下方。根据地形块在投影平面形成投影占据的像素点数量确定绘制需要的 LOD 层次。如图 3 - 6 所示,通过选择不同的层次细节模型,不同远近、不同大小的地形块在屏幕中占据相同大小的面积。

基于地形块夹面的投影面积选择合适的分辨率的 LOD 绘制图形的基本方法是:

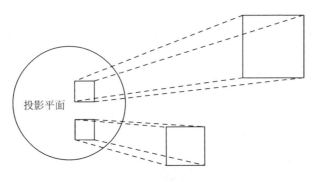

投影平面

图 3 - 6　地形块投影

从瓦片金字塔顶层到底层,通过计算距离确定瓦片在视域内后,计算该地形块上夹面的投影面积,如果某个可见节点的投影面积大于某一设定的阈值 t_{max},则将其子节点作为待判定对象加入测试链表进行视域的判断,否则将该节点作为可见节点加入绘制链表中。

在人的视觉规律中,除了距离对视觉清晰度有主要影响外,物体距离视线的夹角对视觉清晰度也有影响:在视线方向上的物体清晰,大脑会自动模糊处理在两侧(眼角处)的物体。飞行员在执行任务时,关注的是前方的场景,对已经飞过区域的关注度降低。基于上述两点考虑,使用了一种新的多分辨选择策略。

如图 3 - 7 所示,圆心为低空飞行器所在位置。由于对前方、两侧、后方关注逐渐降低,因此在正前方场景分辨率的基础上依次降低一个层次的精度。如果设定四块区域面积相同,则经过这样的处理,数据量降为普通多分辨率绘制数据量的 25/64。通过对不同区域投影面积阈值的改变,实现前后及两侧区域分辨率的不同: $t_{max前}=1/2t_{max侧}=1/4t_{max后}$。在进行投影面积与阈值的对比前,首先通过计算瓦片中心点和低空飞行器位置连线与飞行方向夹角来判断瓦片所在区域。如果瓦片位于前方区域,则 $t_{max}=t_{max前}$;如果瓦片位于两侧区域,则 $t_{max}=t_{max侧}$;如果瓦片位于后方区域,则 $t_{max}=t_{max后}$。分区域的 LOD 选择方案既能够保证飞行员快速地得到两侧及后方的地形地貌信息,也能够将预取数据量减少一半以上,减轻了数据调度的压力。

地形数据的预取通过瓦片请求来实现,将瓦片请求划分为高、中、低三种优先级。高优先级瓦片优先被读取,最后被释放;低优先级瓦片最后被读取,优先被释放;中优先级瓦片在没有高优先级瓦片时被读取,在没有低优先级瓦片时被释放。图 3 - 7 视点前方数据为高优先级数据,两侧数据为中优先级数据,后方数据为低优先级数据。

基于 LOD 模型的多分辨率场景绘制方法在不影响观察者视觉效果的前提下,极大地减少了绘制调度数据量。这既降低了对内存容量的硬件要求,又极大地减轻了内外存间的数据调度压力,同时减少了后续场景渲染的计算量。

在一些文献中提到视点与场景间的相对运动速度会造成视觉的模糊,这一影响同样可以通过阈值表现出来,只需要将 t_{max} 设置为视点移动速度 v 的函数,即

$$t_{max}=f(v) \tag{3-9}$$

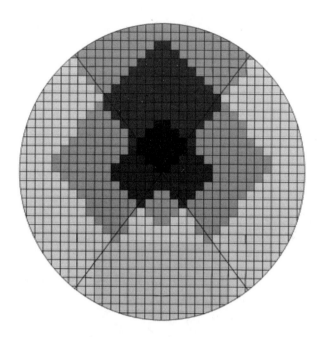

图 3 - 7　分块分层次数据调度

视点移动速度越大，t_{max} 越大。

阈值 t_{max} 的选择既体现了地形数据的远近尺度、偏移尺度和速度尺度对多分辨模型选择的影响，也体现了 LOD 选择的总原则：

① 距离视点近的地形，投影面积大，选用精细的层次细节模型；距离视点远的地形，投影面积小，选用粗糙的层次细节模型。

② 视线方向上的地形，关注度高，选用精细的层次细节模型；远离视点方向的地形，关注度低，选用粗糙的层次细节模型。

③ 相对速度小的情况下，看得仔细，选用精细的层次细节模型；相对速度大的情况下，视觉模糊，选用粗糙的层次细节模型。

基于阈值 t_{max} 的层次细节模型选择方法可以使常驻内存的数据量与视域的范围基本无关，每帧的预取调度数据量基本相同。它同时满足了三维场景绘制显示精度和显示速度的双重要求。

3.1.4　预取数据选取总流程

三维场景的多分辨率绘制的数据源自高程金字塔和影像金字塔。当绘制时，通过四叉树索引调用视域内对应显示层次的地形块载入内存。

对地形块的绘制要求包含两个方面：(a)是否在视域内；(b)是否符合分辨率要求。可见块的搜索过程就是对金字塔内的地形块逐个进行上述两个要求的判断过程。可参考文献的可见块判定算法方法，设计预取数据的判定流程如图 3 - 8 所示。

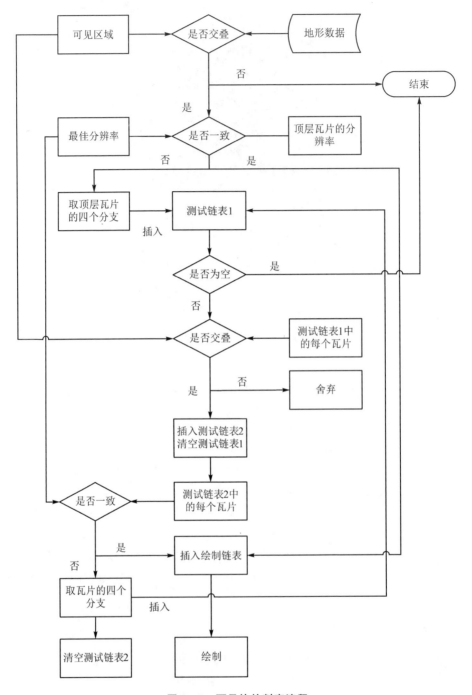

图 3-8 可见块的判定流程

基本步骤为：

① 判断可见区域与地形数据是否交叠。如果交叠，则转步骤②；否则，算法结束。

② 逐个判断顶层瓦片是否满足分辨率要求。如果满足要求，则将它插入绘制链

表;否则,将其四个分支瓦片插入测试链表 1。

③ 判断测试链表 1 是否为空。如果为空,则算法结束;否则,转到步骤④。

④ 逐个判断测试链表 1 中的瓦片是否与可见区域交叠。如果交叠,则将它插入测试链表 2;否则,将它舍弃。

⑤ 清空测试链表 1,转到步骤⑥。

⑥ 逐个判断测试链表 2 中的瓦片是否满足分辨率要求。如果满足要求,则将它插入绘制链表;否则,将其四个分支瓦片插入测试链表 1。

⑦ 清空测试链表 2,转步骤③。

其中,测试链表 1 为可见性测试链表,测试链表 2 为分辨率判定链表。

交叠测试时,只要瓦片四个顶点的任何一点在可见区域内,即表示该瓦片与可见区域交叠。不同分辨率的可见地形块链表可通过下述算法获取。算法描述如下:

从规划航迹内的数据的最顶层数据块开始,逐次计算每个地形数据块的可见性。

```
Visible block(   )
{
        计算地形块到视点的距离;
    if(投影不在可见区域外)
        {
        得到该数据块的最小包围凸包;
        将此凸包投影到投影平面上;
            计算此投影的面积;
            计算地形块中心点与视点连线和视线方向夹角;
            选择阈值;
            if(面积大于阈值)
            {
                从可见列表中删除该地形块;
                取其四个子块;
                for(每个子块)
                {
                    Visible block(   );
                }
                else
                {
                    将它放入可见节点列表中;
                }
            }
        }
    }
}
```

经过上述算法,剔除了大量视域外和分辨率不合适的地形块,选择出了初始的可见地形块链表,即需要从硬盘调度进内存的数据。该可见链表相对于最终绘制的地形块还存在大量的冗余,需要进行进一步处理。

3.2　大数据双线程动态调度

在获得可见地形块列表的基础上,研究重点是数据的更新。数据更新分为两类:(a)由于视域的改变,将移出可见区域的数据予以删除,将进入可见区域的数据添加到缓存中;(b)由于分辨率要求改变,地形数据由其父节点或子节点更换。数据更新需要进行两方面工作:调入预取数据;删除无用数据。

在海量地形漫游中,数据预测调度和可见性裁剪绘制需要同时进行。利用操作系统的多线程能力,将数据预测调度和可见性裁剪绘制分别采用两个独立的线程来完成,如图 3-9 所示。数据预测调度线程包括视点预测、可见块判定和数据更新。可见性裁剪绘制线程读取数据预测调度线程调入内存的数据,对可见区域地形进行裁剪、绘制。

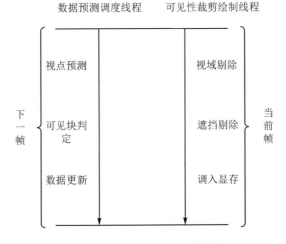

图 3-9　多线程绘制与调度过程

数据预测调度线程处理的是未来时刻显示的数据,解决外存到内存的调度问题;而可见性裁剪绘制线程处理的是当前时刻需要显示的数据,解决内存到显存调度的问题。数据预测调度线程和可见性裁剪绘制线程的双线程绘制方法避免了可见性裁剪绘制工作对数据预测调度工作的等待,有助于提高绘制效率。

在内存中设立一个固定大小的区域作为数据缓存区。在绘制过程中,首先在初始化时将场景层次信息调入内存进行计算,然后将场景当前使用的数据和即将使用的数据动态调入缓存区中。而当系统真正需要这些数据时,只需要从缓存区中直接读取这些数据。

缓存区大小的设置将影响绘制的效率。若过大,则可能超过缓存容量限制,出现硬件资源不足的情况;若过小,则内外存数据交换比较频繁,同样影响绘制速度。局部数据的大小可以通过预取时间间隔 t 来控制,t 越大,局部数据越大,需要的缓存空间越大;t 越小,局部数据变小,数据交换频繁。因此,需要综合缓存容量调度与频率之间的平衡。

通过场景的多分辨率模型绘制,极大地减少了需要加载进缓存区的数据量。如果每绘制一帧图形都要重新调度所有的地形数据,则系统的时间开销较大,硬件不能满足。研究发现在整个显示过程中,由于前后两帧场景具有连贯性,邻近帧之间存在大量相同的数据,因此所有在前后帧之间相同的数据部分不需要重新加载,从而大大减少了数据读取时间,为高质量、快速的图形显示提供了有利的条件。

低空飞行器视点不会出现跳跃,邻近帧的可见区域变化很小,即使视点是高速运动的,达到 100 m/s,两帧之间视点位置也只能移动 4 m,大部分场景是不变化的,因此,选择每 1 s 预取一次数据,即进行一次数据更新,将即将进入可见区域的块调入缓存,将已不在可见区域的块进行删除。当更新时,必须判断需要预取的数据是否已经存在于缓存中。因此,可以按照优先级为缓存中的数据建立一个局部数据队列。更新时,对比绘制队列与缓存队列,只需要按照设计的优先级顺序加载位于绘制队列而不存在于缓存队列的地形块数据,同时删除位于缓存队列而不存在于绘制队列中的地形块数据。对于数字高程模型,为保证新加入的地形分块与已有的分块无缝拼接,分块边界上的插入点必须与已有分块边界上的点一致。可用一个数据结构来保存各边界线上的当前插入点。

3.3　预取数据的可见性裁剪

在三维场景渲染中,视线受视景窗限制,形成视域空间。视域空间在渲染场景中的可见部分称为视景体。视景体与地形表面相交的区域范围即为可见区域。在视景导航的过程中,需要根据用户视点能看到的区域预取一个圆形区域的数据载入内存,在屏显设备上看到的只是一个矩形窗口,甚至只是 1 024×768 个像素点,大量的数据被视景窗或者近视点的物体遮挡。因此,需要通过一定的算法实时确定视景窗内的区域,并裁减掉被遮挡得不可见的数据。可见性裁减除了能够降低场景的几何复杂度、减少调度至绘制管道的数据、提高从内存到显存的调度效率外,还对其他的加速绘制技术产生影响。地形场景中的可见性裁减问题对于飞行模拟、地理信息可视化以及路线定制有重要的应用价值。

可见性裁减是在进行显示之前,通过判断场景中绘制元素的可见性,快速拒绝那些显然不可见的绘制元素,从而得到一个可能可见集。可能可见集包含全部或绝大部分的可见绘制元素和一些不可见的绘制元素。可见性裁减技术又称为场景消隐或 3D 拣选,可见性裁剪是计算机图形学的一个基本问题,主要研究基于某一视点,哪些面可见,剔除不可见部分。常见的可见性裁剪方法有四叉树和八叉树锥形遮挡法、层次结构拣选法、优先层投影法、深度投影遮挡裁减法、直接离散遮挡法等,在其中还可以运用扩展投影处理、虚拟遮挡物、点采样等手段。

按照进行可见性评估的依据,可见性裁剪方法可以分为视域剔除、遮挡剔除和背面剔除三种类型,如图 3-10 所示。

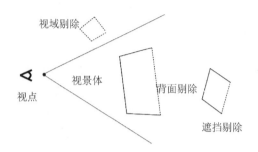

图 3-10　三种可见性裁剪方法

① 视域剔除用来剔除位于视景体之外的绘制元素。通常利用包围体层次进行测试,通过将视景体与包围体进行比较,剔除那些位于视景体之外的多边形。它主要包括两种方法:基于包围盒的视域裁剪和基于包围球的视域裁剪。

基于包围盒的视域裁剪利用长方体作为包围盒,当裁剪时只需要判断长方体的 8 个顶点和视景体的关系。如果它们全部在视景体内,则该物体在视景体内;如果这 8 个顶点都不在视景体里,则该物体在视景体外;否则,该物体和视景体相交。其基本原理如图 3-11 所示。

基于包围球的视域裁剪利用球体作为包围盒,计算球体的中心和 6 个裁剪平面的距离。如果这些距离都大于球体的半径,则该物体在视景体外;如果这些距离不都大于球体的半径,则该物体和视景体相交;否则,该物体在视景体之内。其基本原理如图 3-12 所示。

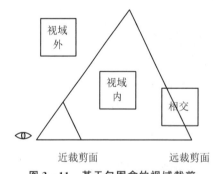

图 3-11　基于包围盒的视域裁剪

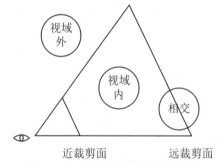

图 3-12　基于包围球的视域裁剪

根据高空和地面视点对视野区域的要求,基于可见性裁剪的数据流式传输策略,当视点位置移动时,能有效确定视野区域节点的可见性和关键节点的层次细节度。

② 遮挡剔除用来剔除场景中被其他物体遮挡的部分。与其他两种剔除方式不同,遮挡剔除需要利用全局知识,也就是需要考虑同一场景中的绘制元素(组)之间的相互关系。因此,它更加复杂,成为可见性研究的重点。

由于基于视点的遮挡剔除算法需要在绘制时实时计算遮挡性,因此计算的负荷很大,很难满足实时性的要求。为了简化计算的复杂度,算法大多根据自身应用的特点,对场景的结构(例如假设为建筑物室内场景)或者场景中遮挡物的特征(例如存在大的或凸的遮挡物)进行一定的假设。

③ 背面剔除用来剔除场景中背向视线方向的绘制元素。最简单的方法是可以通过多边形表面法向和视线方向的点积运算来判断多边形是否背向视线方向。比如一种层次背面剔除算法基于多边形方向相似性和几何距离将输入模型划分成一个层次结构,并引入法向锥的概念,在每一帧绘制中利用视点的位置和输入模型的层次划分的比较可以拒绝大量背向的多边形。

地形场景的绘制对实时性要求高,上述方法中三角面片的可见性判定将会占用大量的计算资源和时间,需要针对地形绘制的特点改原有算法。地形夹面概念为方法的改进提供了灵感,将复杂的地形块简化为一个面,极大地减少了可见性判定过程占用的时间。

3.3.1　基于夹面的可见性裁剪的总体思路

目前,在三维地形的可视化过程中进行可见性裁减的算法可分为视域剔除、遮挡剔除和背面剔除。视域剔除、遮挡剔除,甚至可见地形块选取,都需要采用简化模型替代原地形块数据模型,需要多次重复计算。统一使用地形块的夹面作为可见性判定的替代模型,存储在内存中,可节省重复计算的时间。本节将以地形块夹面为出发点,改进当前主流的视域剔除和遮挡剔除方法,减少显存接收的数据量,以适应快速可视化的需求。由于在地形绘制过程中,地形块的遮挡情况相对其他场景(如城市场景)较为简单,可见块数与待检测块数的比值较大,对判定效率的要求更高,因此重点改进了遮挡剔除算法。

基于夹面的可见性裁剪的算法流程如图 3-13 所示。

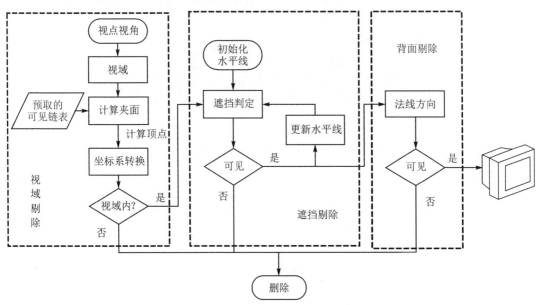

图 3-13　基于夹面的可见性裁剪的算法流程

3.3.2 地形块夹面的概念

可见性裁减一般以三角面片为单位进行检测,对于数据量庞大的三维地形场景绘制,三角面片过多,计算成本过大,尤其是在实时可视化时,严重影响绘制速度。为了兼顾绘制速度和显示效果,本节在可见性裁减过程中,以地形块为单位。

首先介绍两个基本概念:地形块的上夹面(Top Clamp Plane,TCP)和地形块的下夹面(Bottom Clamp Plane,BCP)。如图 3 - 14 所示,上夹面是位于地形块曲面上方的平面,下夹面是位于地形块曲面下方的平面。其严格的数学定义如下:

对于规则的地形块格网 $M = \{H(x,z) \mid (x,z) \in D_0\}$,其中 D_0 是 $X - Z$ 平面上的规则区域,$H(x,z)$ 是此区域的高程函数,二元一次函数 $T(x,z)$、$B(x,z)$ 满足如下条件:

$$\begin{cases} \text{TCP} = \{T(x,z) \mid (x,z) \in D_0\} \\ \text{BCP} = \{B(x,z) \mid (x,z) \in D_0\} \end{cases} \tag{3-10}$$

如果 $T(x,z) > H(x,z)$ 对于任意 (x,z) 成立,则称 TCP 为上平面;如果 $B(x,z) < H(x,z)$ 对于任意 (x,z) 成立,则称 BCP 为下夹面。

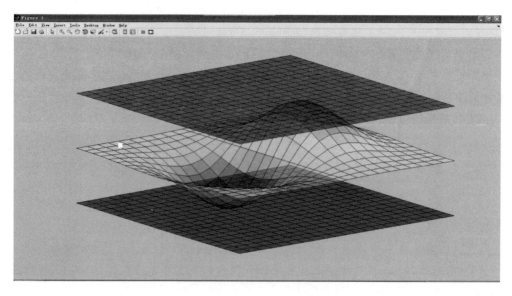

图 3 - 14 地形块的上下夹面

取地形块内最大高程为所有点的高程作为上夹面,取地形块内最小高程为所有点的高程作为下夹面。上下夹面间形成了包含该地形块的最小包围体,可以作为视域剔除的最小包围体。

以上下夹面代替原有地形块,在遮挡剔除过程中剔除的数据一定是不可见的,虽然可能将一些不可见数据加载进绘制链表,但是裁减的速度会大幅提升。对地形块建立包围盒扩大了该地形块的遮挡范围,当以该地形块作为遮挡物进行判定时,会产生错误剔除的问题。相对于基于包围盒的遮挡判断,基于上下夹面遮挡判定简单,且不会产生可见数据被错误剔除的情况。综合使用夹面的概念为视域剔除和遮挡剔除提供判定标准,更避免了判定模型的重复计算。

3.3.3 基于夹面的视域剔除

首先定义视锥截体。视锥截体是指场景中视点可见的一个锥体范围。视域剔除的基本思想就是对地形高程数据进行可见性判断,如果地形数据位于视锥截体的范围之外,则这些地形数据都不可见,予以剔除。视锥判断的结果有完全可见、完全不可见和部分可见。视域剔除算法可以简单概括为逐个判断可见链表内的地形块,如果不在视锥截体内,则剔除该节点。图 3-15 体现了视域剔除的基本思想。

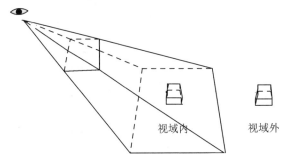

视域内　　　　视域外

图 3-15　视域剔除的基本思想

将场景分割为一个个场景节点,当摄像机视锥截体与之重合时,视之为可见,进一步将它分割判断,而不可见部分则直接被剔除。

从几何学上可以将视锥裁减归纳为以下 3 类:

① 把视锥截体与地形节点的求交运算近似为视锥截体的投影多边形与地形节点的求交运算。首先计算视锥截体的投影多边形,再与待判断的四叉树节点进行求交运算。通过视锥投影,将复杂的多面体与高低起伏的地形的求交运算转化为相对简单的多边形和四边形的求交算法。这种方法适合没有高山、开阔的平原地形,虽然能够一定程度地降低运算量,但精确性较低。

② 通过判断视锥截体各顶点与地形空间半平面的关系来确定地形块的可见性。首先计算视锥截体的各个顶点与半平面的点积,再判断各点积结果的符号。如果各个点积结果都具有相同的正负符号,则说明视锥截体的各顶点位于平面的同一侧,该地形块与视锥截体不相交。这种方法虽然消耗时间较长,但可以相对精确地计算出剔除节点。

③ 第三类该源自碰撞检测。先分别做视锥截体和待检测节点的最小外接球,然后进行求交运算。由于用两个球体来判断相对位置比用其他任何形状都方便,只需要比较外接球的球心距与两球半径和的大小。这种算法虽然在速度上有着明显的优势,比前两类方法都要快,但是精度更差。

上述可见性裁减算法在视域剔除上各有优势,在一定程度上剔除了大量的不可见地形数据,同时也增加了剔除判断的运算量。虽然渲染一个节点的时间长于精确剔除判断的时间,但是对于可见块与总待检测块的比值比较高的情况,过于复杂的剔除判断反而会增加计算量,影响绘制效率。因此,需要寻找一种能够兼顾速度和精度的剔除方法。

当前的视域剔除方法通过投影变换,判定包含地形块的最小立方体是否含有裁减体内的顶点确定地形块是否可见,最小立方体包围盒用于遮挡剔除时会扩大该地形块的遮挡范围,产生错误剔除的情况。建立地形块的上夹面,根据地形块内的最小高程点建立它的下夹面。地形块的上下夹面构成了包围该地形块的最小立方体(不包括 4 个墙面)。将问题转化为判定上下夹面共 8 个顶点是否被包含的问题,判定方法是:依次取地形块范围四角上的坐标,高程分别取地形块内的最大值和最小值;按照下面介绍的顶点位置判定方法进行计算,只要 8 个顶点中含有视域范围内的点,则该地形块可见。

首先对视锥截体进行投影变换,形成规则长方体状的裁剪空间,如图 3-16 所示。

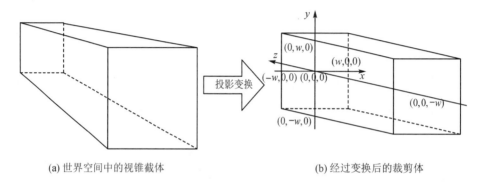

(a) 世界空间中的视锥截体   (b) 经过变换后的裁剪体

图 3-16　坐标系变换

裁减空间长方体,近平面位于 $z=0$ 平面上,其中心坐标为 $(0,0,0)$;远平面位于 $z=-w$ 平面上;上平面位于 $y=w$ 平面上;下平面位于 $y=-w$ 平面上;左平面位于 $x=-w$ 平面上;右平面位于 $x=w$ 平面上。

这样得到裁减空间 6 个面的平面方程:

$$\begin{cases} 0x+0y+z+0=0 & (近平面) \\ 0x+0y-z-w=0 & (远平面) \\ x+0y+0z+w=0 & (左平面) \\ -x+0y+0z+w=0 & (右平面) \\ 0x+y+0z+w=0 & (下平面) \\ 0x-y+0z+w=0 & (上平面) \end{cases} \quad (3-11)$$

对于世界空间视锥截体 6 个平面中某个面上的一点 $\mathbf{V}=(x,y,z,w)$,经过变换后的坐标为

$$\mathbf{V}'=(x',y',z',w')=\mathbf{VM}=(x,y,z,w)\begin{bmatrix} m_{11} & m_{12} & m_{13} & m_{14} \\ m_{21} & m_{22} & m_{23} & m_{24} \\ m_{31} & m_{32} & m_{33} & m_{34} \\ m_{41} & m_{42} & m_{43} & m_{44} \end{bmatrix}=$$

$$\begin{bmatrix} xm_{11} + ym_{21} + zm_{31} + wm_{41} \\ xm_{12} + ym_{22} + zm_{32} + wm_{42} \\ xm_{13} + ym_{23} + zm_{33} + wm_{43} \\ xm_{14} + ym_{24} + zm_{34} + wm_{44} \end{bmatrix}^{\mathrm{T}} = \begin{bmatrix} \mathbf{V} \times \mathbf{Col}_1 \\ \mathbf{V} \times \mathbf{Col}_2 \\ \mathbf{V} \times \mathbf{Col}_3 \\ \mathbf{V} \times \mathbf{Col}_4 \end{bmatrix}^{\mathrm{T}} \qquad (3-12)$$

式中,$\mathbf{M}$ 为投影变换,且

$$\mathbf{Col}_j = (m_{1j}, m_{2j}, m_{3j}, m_{4j})^{\mathrm{T}} \quad (j = 1, 2, 3, 4) \qquad (3-13)$$

要判定世界空间中顶点 $\mathbf{V}$ 是否处于视锥截体中,只需要判定投影空间中顶点 $\mathbf{V}'$ 是否位于投影变换后的裁减体内。如果 $\mathbf{V}'$ 满足

$$\begin{cases} -w' < x' < w' \\ -w' < y' < w' \\ -w' < z' < 0 \end{cases} \qquad (3-14)$$

则 $\mathbf{V}'$ 位于世界空间的视锥截体内,$\mathbf{V}$ 所在的地形块可见,不可裁减。

逐次对上下夹面的 8 个顶点进行位置判定,直到找到满足式(3-6)的顶点。如果所有顶点都不满足条件,则该地形块一定不可见,将该块数据从可见链表中剔除。

3.3.4 基于夹面的遮挡剔除

地形遮挡剔除对于三维地形可视化具有十分重要的意义。由于地球曲率的影响和地形(山脉)的遮挡,很多在视景体内的地形块都是不可见的。遮挡剔除就是剔除场景中被其他物体遮挡的部分。地表几乎无限延伸,在进行漫游时接近水平的观察方式使得视域之内包含了大量彼此相互遮挡的场景,因此,通过遮挡测试可以在很大程度上减少需要处理的三维地形数据。由于受地球曲率的影响不可见的场景在外存到内存的数据调度阶段已经被舍弃,因此只考虑地形的遮挡。

现在的遮挡剔除算法非常多,公认比较好的有 HZB(Hierarchical Z-buffering,层次 Z 缓冲)、HOM 算法。这些方法虽然适合室内或者城市场景,但是对于本节研究的对象——大范围的地形,却不太适用。它们以三角面片为计算单位,虽然能够精确地剔除被遮挡的数据,但同时也带来了计算量过于庞大、计算耗时严重的问题。

与城市场景相比,地形场景由于一般使用规则格网描述,因此更加平滑一些,地形高度的连续性强于城市模型(有文献将地形场景称为 2.5 维)。这要求对地形场景的遮挡剔除采用不同于普通场景的方法。

1. 地形遮挡判定

在地形绘制过程中,虽然以地形块为单位进行遮挡测试,但是要实现绝对精准的剔除是没有必要的;而且由于地形不规则,实现每一个地形块的精确可见性测试的计算量是巨大的。本节采用了一个较为宽松的条件:事实上能够看到的绝对不能被剔除;可以有少量不可见的地形块进入绘制链表。

本节介绍基于夹面的地形遮挡剔除算法,该方法基于遮挡水平线的思想。遮挡水平线表示所有可见地形块投影到像素空间的覆盖区域形成的上轮廓线,其基本思想是:

在地形场景中任何处于水平线以下的场景部分都是确定无疑被遮挡的,完全位于水平线以下的场景将被剔除,而剩余可见的部分将被绘制并且用来更新水平线。本节改进了该算法,用地形块的下夹面更新水平线,而用上夹面代表待检测地形块进行遮挡判定。这种表示使得遮挡剔除判断过程和水平线构造过程速度大幅提升,提高了遮挡剔除的效率。

基于夹面的地形遮挡剔除算法以最小的地形数据块为遮挡测试对象,较为有效地剔除了被遮挡的地形块,算法简单、计算量小,适合视景导航的应用需求。

在遮挡测试过程中,每一个地形块在测试前是被遮挡者,测试后就成为遮挡者。对于这两种情况分别选取上下夹面进行替代:

① 当地形块 M 作为遮挡者出现时,以其下夹面 B 替代 M 进行计算,以此来确定 M 是否被已有的遮挡者遮挡。

② 当地形块 M 作为被遮挡者出现时,以其上夹面 T 替代 M 进行计算,以此来确定 M 是否被已有的遮挡者遮挡。

条件①可以保证被下夹面 B 遮挡的场景一定被它所替代的地形块遮挡;条件②可以保证如果 T 被遮挡,那么 T 所替代的地形块也一定是被遮挡的。这样的限制条件最终能够保证可见地形块绝对可见。

2. 水平线的更新

水平线是确定可见的绘制场景部分形成遮挡的集合,水平线的构造是通过下夹面的投影拼接而成的。其详细过程如下:

① 以屏幕空间的底线初始化水平线。

② 按照从近到远的顺序依次遍历视域剔除后形成的可见链表地形块。

按顺序取地形块,以其上夹面进行遮挡检测。如果该地形块通过测试(不可见),则把它标记为不可见,并转到下个地形块;如果未通过测试(可见),则标记该地形块为可见,将它加入新的可见链表中,并修改水平线。遮挡检测过程如图 3-17 所示。

更新水平线的方法是:取可见地形块的下夹面 B,计算 B 与水平线 H 的交叉点,然后修改 H,使得 B 位于 H 之下,如图 3-18 所示。

连续细线为当前的水平线,粗线为遮挡判断后修改的水平线,长短虚线分别表示地形块的上下夹面。按照顺序依次判断四个地形块的可见性,结果为:地形块三不可见,予以剔除;地形块一、二、四可见,需要进行水平线的更新。地形块四的下夹面位于水平线下方,不需要操作;地形块二的下夹面全部位于水平线的上方,用地形块二的下夹面的上轮廓线作为新的水平线;地形块一的下夹面部分位于水平线上方,计算下夹面与水平线的交点,用较高的值作为新的水平线。

3.3.5 背面剔除

虽然视域剔除和遮挡,剔除了大量的不可见地形块,形成了最终的可见块数据链表,但是即使在可见地形块中也存在大量的不可见的绘制元素(三角面片),特别是在山区峡谷等地形起伏剧烈的地方,这种情况更加严重。因此,绘制时还需要进行背面剔

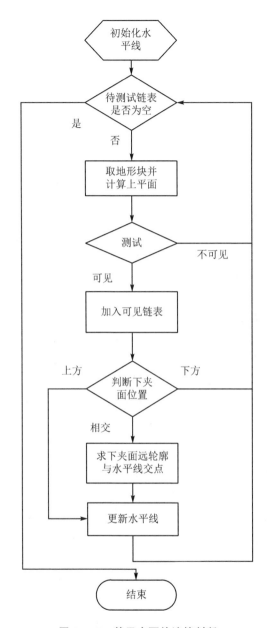

图 3 - 17 基于夹面的遮挡判断

除。背面剔除算法通过计算判断绘制元素是否背离视点,如果是则不予绘制,否则应该绘制。其基本思想是采用点积方法识别三角面片法向量是否指向视点相反方向。首先计算绘制元素的法向量和视线方向,再计算两个向量的夹角,如小于 $90°$,则为背面,应予剔除。图 3 - 19 说明了背面剔除算法的基本思想,其中左侧三角形的法向量 α 与视点的法向量夹角大于 $90°$,归为可见;而右侧三角形与视点的法向量夹角 β 小于 $90°$,归为不可见,应被剔除。

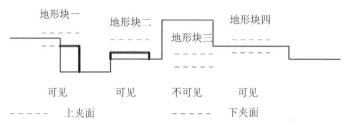

图 3 - 18　水平线的更新

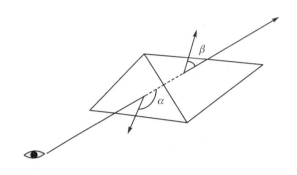

图 3 - 19　背面剔除算法

常用可视化软件中已经集成背面剔除的算法,只需要调用相关函数即可。例如DX中通过使用 D3DCULL_CW 或者 DSDCULL_CCW 来实现。

3.4　多视角集成显示

在驾驶低空飞行器过程中,自然环境是环绕低空飞行器的,驾驶员可能会关心上下、前后、左右等各个方位的信息,因此,需要对三维场景多视角集成显示方式进行研究,构建合理的多视角显示方式。本节将介绍如何在单一视图上显示多个视点信息以及如何有效地对多个视点进行快速切换等技术。

3.4.1　多视角集成显示的必要性分析

三维战场环境显示相对于传统平面战场环境显示的优点主要表现在:(a)避免了人们在二维图形与三维实体之间转换的理解类错误;(b)信息量大,可更加直观、全面、丰富地展现战场环境。这对于飞行员全面而准确地认识所处环境、保证飞行安全、提高战斗能力具有重大作用和积极意义。

传统显示器只能单一显示三维战场某一角度的二维图像。三维战场环境仿真与表现优势的发挥,依托于多视角集成显示。借助于战场环境的多视角显示,飞行员可以从任意角度观察前后、左右以及上下全角度的飞行环境,可以看到战场环境的各个面,从而建立起空间立体感,正确理解各个二维面之间的关系。

3.4.2 相机设置

1. 视点坐标系和视点变换

在 OpenGL 中,绘制图形定点使用世界坐标系(用户坐标系)。它是一个右手三维直角坐标系,用来定义几何形体和图素。视点坐标系由视点位置和观察方向决定,是一个右手坐标系,视线方向垂直于 xy 平面,$+x$ 方向和 $+y$ 方向分别指向视点的右边与上边,$+z$ 方向和视线方向相反,$-z$ 方向表示从视点指向屏幕的方向。在 OpenGL 默认状态下,即没有任何视点变换的情况下,视点坐标系与世界坐标系一致。

视点变换就是移动视点,相当于反向移动物体。可以通过移动视点的位置和改变视点的观察方向,从不同位置、不同角度对世界坐标系中的场景进行观察。视点变换的本质是改变视点坐标系与世界坐标系之间的位置关系。实现视点变换的方法是使用 OpenGL 实用库函数 glLookAt( )。该函数可直观、方便地定义观察位置和观察方向,其参数包括 3 个部分,即视点位置(eyes,eyey,eyez)、参考点的位置(centerx,centery,centerz)、视线向上的方向(upx,upy,upz)。

2. 投影变换与视景体

投影变换定义的是一个视景体,即所要观察的物体空间,显示在屏幕上的内容就是视景体中的内容。

正交投影定义的是一个长方形的视景体,物体在屏幕上的显示尺寸不受几何体距离的影响。OpenGL 中使用函数 glOrtho( )来定义正交投影:

```
glOrtho(GLdoubule right,GLdoubule left,GLdoubule bottbm,GLdoubule top,GLdoubule near,GL-
doubule far)
```

参数分别为垂直剪切面的坐标、水平剪切面的坐标、近视点剪切面坐标和远视点剪切面坐标。

3. 视口变换

视口是指操作系统窗口的客户区中绘制图像的区域。要把物体最终显示在窗口中,还需要进行视口变换。视口变换就是指把视景体中投影面映射到视口的过程,决定 OpenGL 绘制的物体将输出在窗口的哪一部分。

4. 观察视图的定义

定义观察视图实际上就是定义观察者的位置和视线的方向。使用函数 glLoolAt( )来定义视点的位置和方向。glLoolAt( )使用视点位置 m-eye、参考点位置 m-ref、视线的上方向 m-vecUp 来定义视点变换,这样类似于用户用肉眼观察景物。定义一个典型观察视图只需要定义合适的视点、参考点和视线的上方向 3 个参数。由于参考点 m-ref 通常取在被观察模型接近中心的位置,因此当定义不同的观察视图时,尽量保持参考点的位置不变,再通过参考点位置以及视线方向推算出视点 m-eye 的位置。在计算出新的视点位置以后,还需要重新计算视线的上方向 m-vecUp。

3.4.3　多视角场景绘制

1. 地图缩放

多视角三维仿真地图的缩放操作涉及地图比例尺的变化。不同比例尺的地图对应不同的子金字塔图层。地图缩放通过金字塔中不同尺度的地图瓦片的替代实现。记录地图窗口目标中心位置坐标和地图变换的目标图层号,计算比例尺变换后地图显示窗口的地图瓦片的编码,获取并替代对应位置的地图瓦片后,重新计算地图格网阵列的偏移值进行地图校正,完成地图缩放。

2. 地图旋转

三维战场环境的旋转操作是多视角显示的重要功能。地形环境的旋转包含旋转中心、旋转角度和旋转方向三要素。方法是计算出地图单元中需要旋转的每一点绕旋转中心进行旋转变换之后的坐标,调用绘图函数进行绘制。

3. 多视角显示

为满足驾驶员在飞行过程中对周围地形信息认识的需求,并可以方便快捷地进行视角的变换,设计了自由视角、舱内视角、舱外视角、左侧视角和右侧视角共五种视角,生动、直观、便捷地为驾驶员提供低空飞行器周围全方位的地形信息。

自由视角(见图 3-20)是自由度最高的一种显示方式。低空飞行器驾驶员可以根据自己的需求任意改变视点位置、视线方向,充分满足对各角度的观察需求。

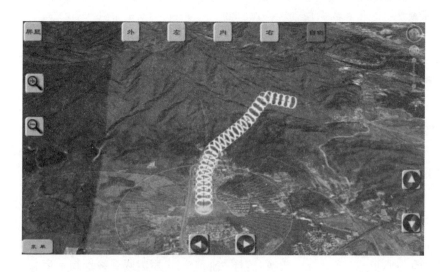

图 3-20　自由视角

舱内视角(见图 3-21)是最接近真实场景的模式,视点位于舱内,显示的是低空飞行器前方广阔区域的场景。它跟随低空飞行器的运动而改变,是飞行导航最常用的模式。

图 3 - 21　舱内视角

　　舱外视角(见图 3 - 22)是将观察视点置于驾驶舱后上方的一种观察视角和显示模式,类似于游戏中的第三视角,同样跟随低空飞行器的飞行而改变。相对于舱内视角,它显示的地形信息更加丰富,包含了前后、左右的立体信息。

图 3 - 22　舱外视角

　　左侧视角和右侧视角(见图 3 - 23)是为了便于驾驶员对飞行两侧的地形进行仔细查看而设计的显示模式。通过将观察视点置于低空飞行器侧面,可以清晰地显示周围的飞行路径状况,这对于在山地、峡谷飞行的低空飞行器意义重大,可以有效地避免与两侧山体的碰撞。

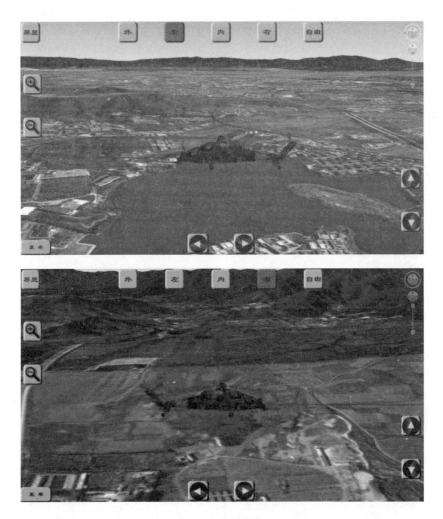

图 3 - 23　左/右侧视角

第 4 章　低空飞行器空间航线规划

低空飞行器能在空中稳定悬停,起降不受地形、地物的限制,可以敏捷地改变航线、飞行高度、速度和姿态,机动性能很高,在特殊复杂任务中发挥着重要的作用。然而,由于复杂地形、恶劣天气、非合作目标的干扰等因素大量存在,低空飞行器前往目标地点执行任务的过程中,其航线通常不能取捷径,而是要避开诸多障碍因素。例如,如果低空飞行器的航线穿越非合作目标的雷达探测范围,则低空飞行器就会受到严重威胁,从而导致任务失败。

航线规划是指综合考虑地形、气象、威胁目标等信息,以及某些特定约束条件,找出从起始点到目标点满足某种评价指标的最优飞行航线。三维空间航线规划是指在三维空间环境中完成低空飞行器的航线规划,是提高飞行器任务效能和生存能力的有效手段。

航线规划过程中需要充分考虑的因素包括:(a)充分利用地球曲率、地形地物遮蔽、地面杂波、气象条件等因素来隐蔽自身,使当接近目标时具有突然性,在减小自身损伤率的同时使任务成功率得到提高;(b)充分考虑非合作目标的探测设备受地形的影响,应尽可能利用地形实现低空跟随地形飞行,提高低空飞行器的生存概率;(c)注意低空飞行时出现的地面涡流效应会降低低空飞行器的稳定性,同时由于低空飞行器在高速飞行的情况下很难对地形变化做出反应,因此容易与地面或者障碍物发生碰撞;(d)气象条件、备降机场分布和低空飞行器性能等因素的影响。

面对如此复杂多变的低空飞行环境,仅仅依靠飞行员自身操纵和人工规划航线无法满足需求,需要建立三维空间航线规划系统。依据飞行任务要求、飞行环境等先验知识,规划出一条从出发点飞抵目标点的完成任务能力强、生存能力高、航程短的最优航线,从而有效提高低空飞行器的任务完成效能。

目前,我国卫星类型覆盖遥感、通信、导航定位、测绘、气象等,具有全天候、全天时、近实时获取地形、气象、非合作目标等信息的能力,具备了开展基于多源卫星信息的三维空间航线规划技术研究的基础。本章针对这一问题开展研究,借鉴吸收国内外在这一领域的研究成果,通过分析低空飞行器飞行环境,探索低空飞行器最佳路线的航线规划方法,降低飞行员的负担,提高低空飞行器的操纵性,使它能够胜任复杂地形情况下的飞行任务,接近"地形跟随、地形回避、威胁回避、机动飞行控制"的目标。

4.1 概　述

4.1.1 研究现状

航线规划是任务规划的核心部分,其主要功能是按照给定的限定条件寻找最优或次优飞行路径。任务规划是指对实施任务所作的前期计划,包括飞行器初始位置的选取、攻击目标的确定、支援力量的配置、攻击路线的确定、武器的投放和发射地点的选择及攻击批次的确定等。20 世纪 80 年代以前,主要采用人工进行航线规划,乃至整个任务的规划。随着防空技术的进步和提高,通过各种遥感手段得到海量非合作目标防空资源信息,规划中考虑的非合作目标和我方因素大大增加,各个因素之间的关系分析也愈加复杂,这种粗糙的规划航线显然难以满足快速、准确、高效的任务要求。随之各种先进的任务规划系统、自动的航线规划方法不断出现,同时各国不再是单纯地研究航线规划系统,而是从更大的范围着手开发各种以航线规划为中心的战术飞行管理系统(Tactical Flight Management System,TFMS)和任务规划系统(Mission Planning System)。

总体而言,航线规划技术是信息论、计算机技术、管理科学和运筹学、人工智能等多种学科的高度综合与集成,是一项新的交叉前沿技术。国外在这方面的工作开展得比较早,20 世纪 80 年代以来,美、英、德等国在战术飞行的航线规划方面不断进行研究,在该领域已经做了大量的工作。目前美国的航线规划技术已经非常成熟,在海湾战争期间,美国就开始使用先进的任务规划系统,例如空军的任务支援系统 MSSII+和海军的战术飞机任务规划系统 TAMPS 等。此外,英国和法国也有一些成熟的任务规划系统,例如英国的 Pathfinder2000,法国的 MIPSY、CINNA、CIRCE2000 等,这些任务规划系统大大提高了武器系统的作战效能。

20 世纪 90 年代以来,NASA 和美国军方联合开展了一项名为 ANOE(Automated Nap-of-the-Earth)的研究计划,旨在辅助低空飞行器驾驶员实施贴地(Nap-of-the-Earth)飞行。其中规定的地形跟踪/地形规避(包括威胁规避)方案按照远、中、近距离三个部分考虑,如图 4-1 所示。

我国在 20 世纪 80 年代就开始了航线规划技术的研究,20 世纪 90 年代,这项技术得到了蓬勃的发展,北京航空航天大学、南京航空航天大学、西北工业大学、哈尔滨工业大学等院校在这方面取得了不少的研究成果。北京航空航天大学的王立新教授对飞机低空突防的策略和控制领域进行了深入的研究;胡兆丰教授、孙宝亭教授在低空突防的策略和控制领域也做了许多工作;金长江教授在战术飞行管理系统、低空风场环境模拟和过山气流模型等领域取得许多成果;吴强、何佩博士对任务规划、航线规划进行了深入研究;高金源教授在提高战术飞行轨迹优化方法实用性上取得进展。此外,南京航空航天大学的沈春林教授和李清博士、西北工业大学的袁建平教授、哈尔滨工业大学的崔

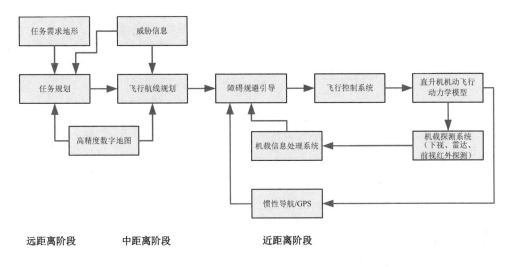

图 4-1　ANOE 规划系统结构

枯涛博士等都在航线规划相关理论的研究上做了大量工作。李栋研究了低空突防中的低空飞行器航线规划关键技术。胡志忠、沈春林研究了基于数字地图预处理的实时航线规划。白晓利、韩亮等研究了基于数字地图预处理的低空突防飞行路线规划。郝震、张健等研究了雷达威胁环境下的三维航线规划技术。总体而言,我国在航线规划领域虽然取得了长足的进展,但是航线规划系统还不成熟,需要进一步开展研究工作。

4.1.2　航线规划的一般步骤

低空飞行器航线规划问题可以表述为在特定环境中,考虑地理环境、电磁威胁、气象威胁等多种威胁以及低空飞行器自身的性能约束,按照一定的航线规划算法,规划出从起始点到目标点的最优或次优航线。航线规划的一般步骤如图 4-2 所示。航线规划涉及的问题大致可以归纳为以下方面:

1. 评价指标

评价指标是指对规划出的航线进行评价的指标。例如:完成每百千米单条航线规划的平均时间不大于 10 min,或者航线规划最大航程不低于 900 km 等。

2. 低空飞行器自身的性能约束因素

① 最大拐弯角:限制了生成的航线只能在小于或等于预先确定的最大角度范围内转弯。该约束条件取决于具体低空飞行器的性能和飞行任务。

② 最大爬升角/俯冲角:由低空飞行器自身的机动性能决定,限制了航线在垂直平面内上升和下滑的最大角度。

③ 最低飞行高度:当通过非合作目标的探测范围时,需要在尽可能低的高度上飞行,以减少被探测到的概率。飞得过低往往会导致与地面相撞的坠毁概率增加。一般在保证离地高度大于或等于某一给定高度的前提下,使飞行高度尽量降低。

④ 最小纵向垂直离地间隙:包括最小离地间隙和纵向垂直离地间隙两个概念。前

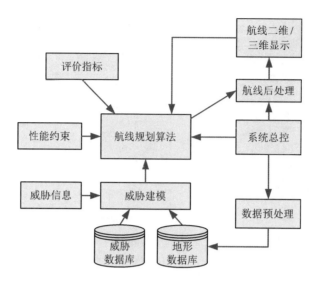

图 4 - 2 航线规划的一般步骤

者指航空器与地面或其他障碍物之间的最小垂直距离。在航空领域中,这是一个重要的安全参数,对飞行器的稳定性、操控性和安全性都有着重要影响。后者特指飞行器在飞行过程中,其底部(通常是飞机轮胎)与地面之间的最小垂直距离。这个距离需要确保飞行器在起降、巡航等各个阶段都能安全地避开地面障碍物。

⑤ 最小离地安全间隙:同样是为了低空飞行器的安全。

⑥ 最大法向加速度:低空飞行器自身的机动性能限制。

⑦ 最小转弯半径:低空飞行器的机动能力限制。

⑧ 低空飞行器升限:最大飞行高度。

⑨ 最大航线长度:受限于自身油量(或电量)的单次飞行航线最大值。

3. 数据预处理

航线规划的基本数据是数字地图,数据预处理就是要对数字地图进行预处理。数字地图是指利用数字化技术将地形、地物等信息以数据的形式存储起来的地图,以便飞行器的各种电子设备调用。随着航空技术的发展和信息自动处理能力的提高,数字地图已成为现代航空飞行中不可缺少的组成部分。20 世纪 80 年代后期,数字地图技术在国外已相当成熟。在数字地图数据制作方面,已经出现了基于航空地理照片或者卫星图片的全数字摄影测量系统获得的高程 DEM 数据。其基本原理为:以数字遥感影像为基础,通过计算机进行影像匹配,利用自动相关运算识别同名像点并得其像点坐标,再运用解析摄影测量的方法进行定向,由此可以测定所拍摄物体的空间三维坐标,获得 DEM 数据。

常用的数字地形模型种类很多,例如数字高程模型(Digital Elevation Model, DEM)、不规则三角网模型(Triangle Irregular Net Model,TINM)、矩形网格模型(Rectangular Net Model,RNM)和数字等高线模型(Digital Contour Model,DCM)等。

其中最常用的是数字高程模型,这种格式的数据需要作一定的预处理才能满足飞行航线规划的需要。

通常的数据预处理机制包括数据插值、地形坡度处理、低空飞行器升限处理、洼地填平处理、禁飞区剔除处理和地形曲率处理等。

4. 威胁建模

对低空飞行器构成威胁的因素主要包括地形限制的不可飞行区域、雷达探测区域、禁飞区和气象限制不可飞行区域等。这些因素是对低空飞行器航线产生具体威胁的源头,研究这些威胁因素构成的威胁空间的大小和级别是航线规划系统的主要内容之一。

对威胁进行建模的步骤是根据已知威胁系统信息,参照威胁数据库和地形数据库,对反映威胁状态的空间分布进行描述,即生成威胁空间。它主要包括计算雷达地形遮蔽盲区、地杂波盲区和地球曲率盲区的分布状况,结合低空飞行器的性能参数对威胁空间的每一点进行威胁级别的判定处理,以满足威胁评估、航线规划的要求。

威胁空间主要是由架设在地面上的武器形成的、对低空飞行器具有威胁性的区域。广义上它还包括非合作目标的空中拦截力量、雷达、各种气象因素和人工障碍等造成的对飞行安全具有威胁性的空间区域。

图 4 - 2 中所示的威胁数据库是指对常用的典型威胁源进行建模后形成的数据库,主要是一些性能参数,如雷达的最大探测距离、地空导弹的最大射程等;地形数据库是指依据待规划区域的高程数据、影像数据、矢量数据等信息构造的地形信息数据库;威胁信息是指一次特定的规划任务中包含的威胁信息,例如禁飞区的坐标、雷达的部署位置、武器的部署位置等。

5. 航线规划算法

航线规划的任务是在工作环境中规划出从起点到目标点满足一定约束条件的航线。航线规划分为预先规划和实时规划。预先规划根据已知威胁进行规划,无法考虑未知威胁;实时规划是在飞行过程中根据对发现新威胁的了解程度,依靠飞行器自身或远程操作平台进行规划。

低空飞行器的航线规划就是依据飞行任务要求、飞行环境等先验知识规划出一条从出发点飞抵目标点的完成任务能力最强、生存能力最高、航程最短的最优航线。低空飞行器虽然具有全天候、大纵深、低空飞行等优点,但在复杂的地形、气象和非合作目标威胁的情况下,完成既定任务变得非常困难。因此,低空飞行器系统的良好性能只有通过事先精心的航线规划才能得到发挥,合理的航线规划是提高低空飞行器作战效能的有效途径,同时也可以提高低空飞行器的生存能力。本章将主要介绍低空飞行器三维空间航线离散规划技术,综合考虑任务要求、地形环境、敌情我情、低空飞行器性能等因素,预先进行三维空间航线规划。

航线规划问题由于约束条件众多、模糊性大,各因素之间存在强耦合及自身独特的控制和任务方式,航线规划在处理这些因素时面临极大的挑战。Canny 在 1988 年证明了航线规划是一个 NP 问题,对它直接进行求解会导致组合爆炸。

航线规划算法所要解决的问题都是大范围航线规划过程中巨大的信息存储量和全局最优之间的矛盾。在这方面虽然已经取得了不少研究成果,但是仍然有许多工作要做。

目前,国内外研究航线规划的算法很多,主要包括 A* 算法、Dijkstra 算法、动态规划算法、遗传算法(GA)、差分进化算法(DE)、神经网络算法(NNA)、人工免疫算法(AIA)、Voronoi 图等。

下面简单介绍上述各类算法及其优缺点。

(1) A* 算法

A* 算法是一种启发式最优搜索方法,通过预先确定的代价函数决定当前应扩展的节点。它对当前节点的每一个可能扩展的节点计算代价,然后选择最低代价的扩展节点加入搜索空间进行搜索。加入搜索空间的这一新节点又被用来产生更多的可能扩展的节点。在实际搜索中,当在理想航线上出现大面积遮挡或者航线自身有着较强的约束条件时,搜索算法很可能在遮挡区或强约束条件下进行大量反复的搜索,即陷入局部搜索。从理论上讲,虽然 A* 算法最终能够摆脱局部搜索,但这个过程可能会耗尽系统资源或完成规划时间达到难以忍受的程度。稀疏 A* 算法(SAS)是基于 A* 算法的,在某些环境条件下,它虽然提高了搜索效率,但同样容易陷入局部搜索的问题。

(2) Dijkstra 算法

Dijkstra 算法又称单源最短路径算法,即在一个有向图中从一个顶点出发,求该顶点至所有可到达顶点的最短路径问题。其基本思想是:设置一个顶点的集合 S,并不断地扩充这个集合,开始时 S 中仅有源点,找当前点到下一点的最短路径,将它加入集合 S,直至终点在 S 中。虽然 Dijkstra 算法能得出最短路径的最优解,但由于它遍历计算的节点很多,因此效率低。

(3) 动态规划算法

动态规划算法是 20 世纪 50 年代由美国数学家贝尔曼(R. Bellman)等人提出的,是用来解决多阶段决策过程问题的一种最优化方法。所谓多阶段决策过程,就是把研究问题分成若干个相互联系的阶段,对每个阶段都做出决策,从而使整个过程达到最优化。其基本思路是:按时空特点将复杂问题划分为相互联系的若干个阶段,在选定系统行进方向后,逆着这个行进方向从终点到始点计算,逐次对每个阶段寻找某种决策,使整个过程达到最优,因此,又称为逆序决策过程。该算法的优点是可以通过降低节点质量有效地提高搜索效率,缺点是大范围搜索时容易出现组合爆炸问题。

(4) 遗传算法

遗传算法(GA)是一种基于生物自然选择与遗传机理的随机搜索算法,它的基本思想来源于达尔文的进化论和孟德尔的遗传学说。该算法将问题的求解过程表示为染色体的优胜劣汰过程,首先进行染色体编码,然后通过适应度函数选择染色体,进行种群的逐渐代进化,其中包括复制、交叉、变异等操作,最终求得最适应环境的一个染色体,也就是问题的最优解或者近似最优解。该算法已成功应用于诸多学科领域,在多年的实际应用中也暴露出许多不足和缺陷。譬如,易出现早熟现象、收敛速度慢。早熟会使算法陷入局部最优解,而收敛速度慢会使算法响应时间长,影响算法性能。

（5）差分进化算法

作为进化算法家族中的成员，差分进化算法（DE）具有稳定性好、控制参数少、易于实现，以及对待求解问题的高度适应性等优点，已经被广泛应用于各种工程和科学领域。与遗传算法和粒子群优化算法一样，虽然差分进化算法也是一种基于种群的随机优化算法，但它们的内部机制完全不同。在差分进化算法中，初始种群通常随机生成，然后对种群的个体按照一定规则分别进行变异、交叉和选择操作以产生新的种群。

（6）神经网络算法

神经网络算法（Neural Network Algorithm，NNA）定义一种"能量函数"，通过不断调整神经网络中的各种权函数使网络在达到稳定时能量最小，这种特殊的非线性动态结构很适合解决各种优化问题。其优点是简单、规范、快速，缺点是优化性能较差。

（7）人工免疫算法

人工免疫算法（Artificial Immune Algorithm，AIA）模拟生物免疫系统，用亲和力来描述抗体和抗原之间的匹配程度，用排斥力来描述两个抗体之间的相似程度，依据抗体和抗原的亲和力以及排斥力来选择抗体。当用 AIA 求解优化问题时，一个抗体用一个字符串表示，满足约束条件的最优解是抗原，候选解是抗体。抗体和抗原之间的亲和力反映了候选解与最优解的接近程度，也即反映了候选解对目标函数和约束条件的满足程度；抗体与抗原之间的排斥力反映了不同候选解之间的异同，也即反映了抗体的多样性。保持抗体的多样性可以防止算法陷入局部最优解。

（8）Voronoi 图

Voronoi 图是由俄罗斯数学家 G. Voronoi 最早发现的，具有独特的几何特性。它最早用于机器人绕开障碍物的规划，把障碍物看成质点，当沿着环境障碍物的 Voronoi 边运动时，碰到障碍物的概率是最小的。而当障碍物不能被近似成质点时，可运用扩展的 Voronoi 图理论进行路径规划，也能获得较优解。后来，Voronoi 图常和 Dijkstra 算法一起被使用，根据遍布威胁的战场环境，先构造基于威胁源的 Voronoi 图，得到规划威胁的航线；然后使用 Dijkstra 算法搜索出最优航线。这种算法的缺点是一般只适用于二维航线规划，难以解决地形约束条件下的航线规划问题。

6. 航线后处理

由于飞行器在垂直剖面采取地形跟随飞行，在航向剖面内由航线规划算法搜索出来的是一条由折线连接而成的代价最优航线，没有考虑飞行器的机动性能条件，并不一定可飞，因此同样需要进行后处理，即进行平滑处理。此外，有时需要对规划出的航线进行人工修改，这也属于航线后处理的范畴。

7. 航线显示

航线显示是指对于规划出的航线，通过二维和三维软件平台进行显示，为用户提供一种直观的显示效果，并对规划出的航线的合理性和正确性进行验证。

4.1.3 航线规划系统的结构

低空飞行器三维航线规划系统从功能上被定位为一个离线航线规划系统。它包括

93

三个软件子系统,即航线规划软件子系统、二维显示软件子系统和三维显示软件子系统,如图 4-3 所示。

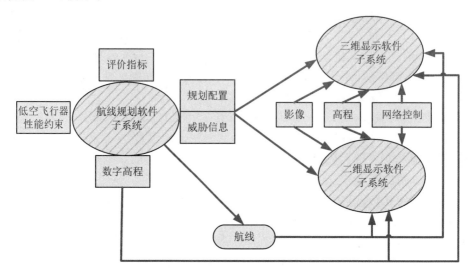

图 4-3 航线规划系统的结构

1. 航线规划软件子系统

航线规划软件子系统主要解决在综合考虑战场地形、备降条件、空域限制、气象威胁、防空威胁、低空飞行器的机动性能等多种约束条件的情况下,在战场空间中寻找从初始点到目标点的最优飞行航线问题,最终可归结为二维网格地图的最优路径搜索问题。难点是搜索算法的效率。

该软件子系统是系统的核心,主要包括四个模块,即数据预处理、威胁建模、航线自动规划和航线平滑处理,如图 4-4 所示。数据预处理包括数据差值、升限处理、洼地填平和禁飞区剔除。威胁建模主要考虑防空导弹、雷达和高炮。航线自动规划目前主要

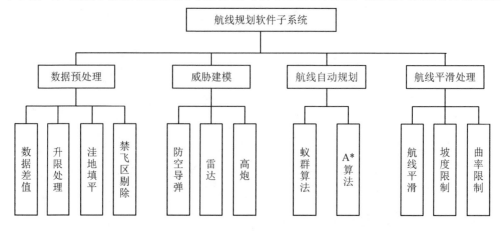

图 4-4 航线规划软件子系统结构

考虑蚁群算法和 A* 算法两种算法。航线平滑处理包括航线平滑、坡度限制和曲率限制。

2. 二维显示软件子系统

二维显示软件子系统的主要功能是将规划出的航线在二维地图上显示出来,其功能结构如图 4-5 所示,主要包括威胁区显示、航线静态显示、航线动态显示、航线编辑和二维三维联动等软件模块。二维显示软件子系统可基于数字地球平台进行开发。

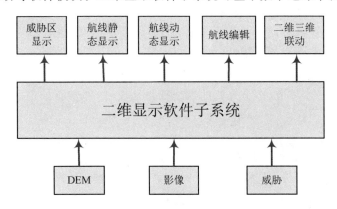

图 4-5 二维显示软件子系统结构

3. 三维显示软件子系统

三维显示软件子系统的主要功能是将规划出的航线在三维数字地球上显示出来,其功能结构如图 4-6 所示,主要包括威胁区显示、航线静态显示、航线动态显示(沿航线虚拟飞行)、二维三维联动等软件模块。三维显示软件子系统也可基于数字地球平台运用插件方式开发。将 DEM 数据和影像数据加载到数字地球上面,规划出的航线可以静态地显示出来,也可以动态地显示出来。

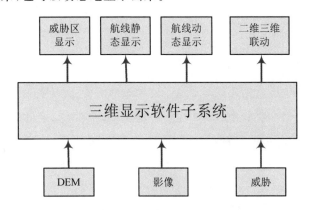

图 4-6 三维显示软件子系统结构

4.2　数据预处理

低空飞行器在低空飞行过程中为避免地面涡流等原因导致的意外,其垂直离地间隙必须保持在最小安全离地间隙之上。同时,受到低空飞行器体积和机动性能的限制,必须规避一些危险的地形,例如过高的山峰、狭小的山谷。为此必须对地形数据进行预处理,生成一个能够满足低空飞行器低空飞行极限要求的安全飞行曲面,当在该曲面飞行时,既能满足低空飞行的要求,又可以保持足够的安全离地间隙。

数字地图是将传统的各种地图信息用一种计算机可实现的格式来表示。数据预处理是航线规划的必要环节,本节介绍的预处理包括 4 种,即数据插值、低空飞行器升限处理、洼地填平处理、禁飞区剔除处理。

4.2.1　数据插值

数字高程模型是一种按等间隔规则在水平面上密集布设一系列标高数据点,用点的高程来近似表示地形的数字模型。由于数字地图提供的是网格点上的高度信息,而实际可能需要用到地图范围内任一点的高程数据,因此这就需要构造一个或一组可以精确描述已知数据的函数,并通过它来估计不在网格点上的数据。

常见的插值算法有双线性插值、双立方 Hermite 插值和三维卷积插值。插值算法的选择主要考虑两个方面的问题:插值的精度和算法的时间复杂度。综合考虑这两个因素,拟采用双线性插值算法,该方法不仅简单、计算量小、容易实现,而且插值的精度可以满足航线规划的要求。

双线性插值的基本思路是在与包含给定点(x,y)最近的 4 个网格点的高度的基础上进行二维线性插值。

选择如下双线性插值方程:

$$g(\Delta\bar{x},\Delta\bar{y})=a_1\Delta\bar{x}\Delta\bar{y}+a_2\Delta\bar{x}+a_3\Delta\bar{y}+a_4 \tag{4-1}$$

设 l 为地形网格间距,则 $\Delta x=x-x_i,\Delta y=y-y_i,\Delta\bar{x}=\dfrac{\Delta x}{l},\Delta\bar{y}=\dfrac{\Delta y}{l}$。约束条件为

$$g(0,0)=h_{i,j},\quad g(0,1)=h_{i,j+1},\quad g(1,0)=h_{i+1,j},\quad g(1,1)=h_{i+1,j+1}$$

利用边界条件,可以得到插值方程(4-1)的 4 个参数为

$$a_1=h_{i,j}-h_{i,j+1}-h_{i+1,j}+h_{i+1,j+1},\quad a_2=h_{i+1,j}-h_{i,j}$$

$$a_3=h_{i,j+1}-h_{i,j},\quad a_4=h_{i,j}$$

则双线性插值方程可以表示为

$$g(\Delta\bar{x},\Delta\bar{y})=h_{i,j}(\Delta\bar{x}\Delta\bar{y}-\Delta\bar{x}-\Delta\bar{y}+1)+$$

$$h_{i+1,j}(-\Delta\bar{x}\Delta\bar{y}+\Delta\bar{x})+h_{i,j+1}(-\Delta\bar{x}\Delta\bar{y}+\Delta\bar{y})+h_{i+1,j+1}(\Delta\bar{x}\Delta\bar{y})$$

$$\tag{4-2}$$

4.2.2　低空飞行器升限处理

假设低空飞行器的最小安全离地间隙为 h_s，数字高程模型数据在坐标 (x,y) 处的高程为 $h(x,y)$，H_m 为低空飞行器的最大升限，则安全飞行曲面 $F(x,y)$ 可以表示为

$$F(x,y)=\begin{cases} h(x,y)+h_s, & h(x,y)+h_s \leqslant H_m \\ \varPhi, & h(x,y)+h_s > H_m \end{cases},\varPhi \text{ 表示无效值} \quad (4-3)$$

在预处理阶段，可以将 $h(x,y)+h_s>H_m$ 的数据过滤掉。

4.2.3　洼地填平处理

由于低空飞行器存在几何尺寸，因此在航线规划时不能简化为一个质点。当规划航线时，为避免低空飞行器进入狭小的洼地、山谷，可对安全飞行曲面上的狭小洼地进行填平处理。

假设低空飞行器可以飞行进入的最小洼地尺寸为 $L \times L$，$[x_1,y_1,f(x_1,y_1)]$ 和 $[x_2,y_2,f(x_2,y_2)]$ 分别是安全飞行曲面上的 2 个点。如果 $\sqrt{(x_2-x_1)^2+(y_2-y_1)^2} \leqslant L$，且安全飞行曲面上的点 $[x,y,f(x,y)]$ 满足以下条件：

$$y=\frac{y_2-y_1}{x_2-x_1}x+y_1 \text{ 且 } f(x,y)<\min[f(x_1,y_1),f(x_2,y_2)],\forall x \in [x_1,x_2]$$

则对安全飞行曲面上的点 $[x,y,f(x,y)]$ 作如下填平处理：

$$f(x,y)=\min[f(x_1,y_1),f(x_2,y_2)], \quad \forall x \in [x_1,x_2] \quad (4-4)$$

4.2.4　禁飞区剔除处理

禁飞区是指禁止低空飞行器通过的空域范围，一般采用经纬度范围表示。为避免规划航线跨越禁飞区，需要将安全飞行曲面中的禁飞区剔除。

假设禁飞区的经纬度范围为 D，则对安全飞行曲面 $F[x,y,f(x,y)]$ 做禁飞区剔除处理如下：

$$f(x,y)=\begin{cases} f(x,y), & (x,y) \notin D \\ \varPhi, & (x,y) \in D \end{cases} \quad (4-5)$$

4.3　风险建模

4.3.1　低空飞行器面临的威胁分析

在低空飞行器的低空/超低空隐蔽飞行情况下，因为一般需要考虑的飞行高度主要集中在距地面 0～100 m 的空域，不像中高空飞行中必须考虑的高度因素，所以威胁的空间模型可以简化为：在防空武器的作用距离内都是威胁区域，也就是仅考虑武器的作用距离。然而，在低空遭遇的威胁情况比中高空时更为多样，除去目视直瞄的防空武器

(如高射炮)外,对低空飞行器威胁较大的探测和打击武器还有预警雷达和火控雷达、地空导弹、高炮等。另外,复杂气象对低空飞行器也存在威胁。

1. 雷达威胁

在低空飞行器航线规划的威胁中,雷达探测是最大的一种威胁。雷达分为预警雷达和火控雷达。预警雷达将早期探测到的目标的各种数据通过防空系统传送给火控雷达,火控雷达根据这些数据跟踪和锁定目标,之后火力系统才能打击目标。因此,低空飞行器应尽量低飞,充分利用地形的掩护作用。

常规预警雷达作用功率强、探测距离远,能够早期预警并为防空武器提供足够的反应时间,对中高空飞行的威胁较大;如果要探测的飞行目标是超低空贴地飞行的低空飞行器,则存在诸多限制,主要包括地球曲率盲区、地杂波盲区、地形遮蔽盲区。俯视雷达可以克服地面雷达的地形遮蔽盲区问题,增大视距,使地形遮蔽范围减小,对低空目标的探测能力大大增强。地面低空补盲雷达就是为了预防非合作目标的低空、超低空突防武器的入侵,由于采用了先进的动目标检测技术,其抗地杂波能力、抗干扰能力强,同时具有快速部署和组网能力。

2. 地空导弹威胁

地空导弹是指从地面上发射导弹来攻击各种空中飞行目标的精确制导防空武器。地空导弹武器系统种类和型号繁多,其设备构成差异很大,小至单兵便携导弹,大到由数十辆车载设备构成的高空远程地空导弹武器系统。地空导弹武器系统一般由导弹、发射设备、搜索跟踪制导设备、指挥控制设备和技术保障设备等构成。它存在多种分类方法,按射程可分为中远程、中近程、近程和末端防护地空导弹武器系统。地空导弹起源于 20 世纪 20 年代的地空火箭弹,在第二次世界大战结束前,德国、苏联、美国等发展了若干试验型号,从 20 世纪 40 年代中期正式开始发展,迄今为止已经历了四代 80 多年的发展历程。

20 世纪 40 年代中期(即 1945 年)至 1960 年初,是第一代地空导弹发展时期。这一时期的重点防空目标是高空轰炸机和侦察机,研制的地空导弹类型主要是中高空和中远程型号,目前大多数型号已退役。

第二代地空导弹是在 20 世纪 50 年代末至 70 年代末发展的,此时的防御重点转向了对付低空、超低空突防的目标,因此,所研制的第二代地空导弹机动性能好、反应速度快,导弹系统的自动化程度和可靠性高。不少国家参与了第二代地空导弹的研制,同时一大批性能较好的便携式地空导弹也得以迅速发展。第二代地空导弹目前只有极少数型号退役,大多数仍在服役,并经历了多次改型。

第三代地空导弹发展时期是由"反飞机为主"向"反飞机反导并重"发展的重大变革时期,经历了两个明显的突变阶段,即从前期的"反飞机为主"向后期的"综合反飞机与通用、专用反导并重"发展的重大转变。综合反飞机是指在反飞机中突出增加了前期型号没有或不足的反隐身飞机能力和反预警指挥机、电子战飞机等的超远程作战能力;在反导中,改进前期型号,增加反巡航导弹、反低层战术弹道导弹能力,同时,新研制专门用于反弹道导弹的地空导弹型号以及其他防空、防天、反辐射、反火箭弹等型号。

20 世纪 80 年代至今,是第四代地空导弹多种类型与型号全面创新发展的时期,有的型号的基本型或试验型已开始装备部队,多数正式型号还处于研制阶段。在这个时期,地空导弹的主要对付目标是现实与潜在敌人从空中和太空发起的空天一体化进攻打击,因此,发展了防空反导通用、反导反卫通用、反导专用、反辐射专用、反火箭弹专用等多种先进地空导弹型号以及多种射程导弹综合一体化系统,这些类型与型号的发展代表了地空导弹未来发展的主要趋势。

低空飞行器作为自带动力的飞行器,无论是在高空还是在低空飞行,其发动机及其他运动部件不可避免地要散发热量,必然与背景存在明显的热辐射差异,红外制导武器正是利用这种特点来区分目标、实施打击。一些肩扛式地空导弹(如美国"毒刺"导弹等)均采用红外制导,这种单兵即可携带的武器对于低空飞行的低空飞行器无疑极具杀伤力。低空飞行器红外辐射特性十分复杂,这是因为低空飞行器机身蒙皮、发动机热部件及喷流都散发热量,其辐射能量除了与本身温度有关外,还与表面发射率有关,例如蒙皮辐射可分为蒙皮自身辐射、蒙皮对太阳辐射的反射、蒙皮对背景(天空、地面等)辐射的反射等。

3. 高炮/弹炮结合系统威胁

作为末端防御的有效手段,高炮对于低空飞行器也是一个重要的威胁源。以双管 35 mm 牵引式高炮为例,它是瑞士研制的新一代高炮武器系统,主要由 1 部火控系统、2 门双管 35 mm 高炮和 2 部火炮电站组成。该系统是当今世界上比较先进的牵引式小口径高炮武器系统之一。系统最大射程为 11.2 km,有效斜距为 4 km,最大射高为 8.7 km,有效射高为 3 km;系统反应时间小于 7.4 s,弹炮命中率大于 60%。该系统的主要特点是:具有对低空、超低空快速目标进行探测和自动跟踪的能力,较强的抗电子干扰能力、抗反雷达导弹能力和反隐身飞机的能力;具有较强的快速反应和同时处理多批目标的能力;采用液压操作、自动调平和数字信号传输等技术,以及双雷达、双天线的结构设计;系统自动化程度高、转火射击速度快。

对低空飞行器有威胁的另外一类武器系统是弹炮结合系统。以"通古斯卡"为例,它是俄罗斯于 1987 年开始装备部队的一种全天候自行式的弹炮结合武器系统,是目前世界上最先进的一体化弹炮结合系统,主要用于对付中、低空飞行的飞机,包括武装低空飞行器。"通古斯卡"武器系统由作战装备和支援装备组成。作战装备由 8 枚萨姆-19 防空导弹、2 门双管 30 mm 高炮和火控系统以及通信设备等组成,全部设备装在一辆 BMP-2 型履带式车上。支援装备包括导弹和炮弹运输车、测试车、技术维修车、机械修理车等,均装在轮式车辆上。

该武器系统可对付目标的最大速度为 500 m/s,采用无线电指令制导体制,导弹采用 1 台固体火箭发动机,8 连装倾斜发射,战斗部为破片/连续杆式杀伤,激光近炸引信;射程为 2.4~8 km,射高为 0.015~3.5 km;系统反应时间为 10 s,使用雷达、光学瞄准装置和极为特殊的脉冲光源等手段,使导弹具有极强的抗电子干扰和烟幕干扰的能力,车上光学瞄准装置有稳定装置,可保证在行进中发射炮弹。

对低空飞行器构成威胁的高炮,目前主要考虑低空、中低空高炮。

4. 低空大气环境威胁

复杂大气环境条件对低空飞行器的飞行和作战都有很大影响,不利的大气环境条件不仅降低飞行器自身的技术性能,同时还降低飞行员目视能见度。低空飞行器低空突防常见的气象威胁包括:

(1) 风切变和突风

气象上的风切变被定义为某一方向上风矢量或任何分量的局地变化。从气象角度来看,根据低空风切变产生的原理,它主要有以下三种类型:大气边界层型风切变、锋面型风切变、雷暴型风切变。另外,低空突风也会对低空飞行器飞行造成一定影响。突风(Gust)又称阵风,表现为确定性风速变化,可以表征为离散的风切变(如逆温风切变)、大气紊流的峰值、地形诱导的气流。

低空飞行器一般贴地飞行,飞行速度低,本身能量也低,操纵性能差。在强度很大的下击暴流等形式的风切变条件下,由于风场能量很高,低空飞行器的生存能力有限,因此最好回避风切变。

(2) 积 冰

积冰主要发生在有过冷水滴的云中,较强的积冰多发生在云中温度为 $-5 \sim +5$ ℃的区域内。产生积冰的季节主要是在冬季,最易积冰的高度是 4 500 m 以下,低空飞行器在锋区附近或穿越锋区时积冰的概率最大,当有冻雨或湿雪时,积冰更多。影响积冰强度的因素较复杂,一般来说由气象条件和低空飞行器的空气动力特性决定。

因此,在飞行前应仔细了解飞行区域的云、降水和气温分布情况,特别是 -5 ℃ 和 $+5$ ℃ 等温线的位置,根据飞行速度、航线高度等条件,判明可能发生积冰的区域,确定避开积冰区域的方法。当在飞行中遇到积冰时(通常伴有颤动、燃气涡轮上升、质量增加、速度减小或功率下降等现象),应按照飞行前确定的预案脱离积冰区,同时进行航线的重规划,形成新的航线。

(3) 能见度

能见度主要与大气中的湿度与云量有关,飞行员可视距离与大气相关特性紧密相关,如大气衰减系数、消光系数(与大气对光的吸收和散射有关)以及天空与地面的对比度等。当能见度较低时,低空飞行器的突防高度(或离地间隙)相对要高一些,同时要避开陡峭的山峰,以保证自身安全。

对于大气环境的模拟,可以采用集合形式进行数学描述。大气环境参数是以时间为序列的空间变量,可以抽象表示为集合 $\{P(x,y,z), T, p, q, \rho, u, v, w, t\}$,其中,$P$ 为空间位置,T 为气温,p 为气压,q 为湿度,ρ 为空气密度,u、v、w 分别为 x、y、z 轴上的风速,t 为时间。

在建立模型的过程中,对于不同高度、不同区域的大气环境,采用空间分层的形式来确定各空间位置在某时刻的大气情况。

由于大气情况本身的获取、预测十分困难,难以做到实时计算,同时无法建立准确的小尺度数学模型对它进行描述,因此在许多情况下只能进行定性分析。对于不同种类的气象环境,根据对贴地飞行的低空飞行器飞行安全影响的大小将它们简化为不同威胁程度的威胁区,不进行空间分层,统一到威胁建模的过程中进行考虑。

对于无法预见的局部突发恶劣天气,贴地飞行的低空飞行器由于自身能量小,抗干扰的能力弱,因此应尽可能避开威胁区,如果必须穿越,则需要适当提高飞行高度,同时进行航线的重规划,以避免当避开恶劣天气区域时被其他防空武器发现。在突防的航线规划中,要尽可能趋利避害,在利用天气情况躲避非合作目标的侦察的同时保证自身的安全,减少恶劣气象对任务的影响。

4.3.2 威胁建模

在低空飞行器飞行中,最主要的威胁因素是非合作目标的防空火力。因此,非合作目标的防空火力的分布是突防攻击路线规划的重要依据。攻击型低空飞行器必须选择合理的进攻路线,尽可能减少来自地面防空火力的威胁,这样才能完成攻击任务。无论采用什么样的方法进行航线规划,都需要对地面威胁的分布有所了解,因此,建立威胁的数学模型是航线规划的关键问题之一。构成地面防空威胁的单元可以有多种,一般分为雷达、地空导弹、高炮、弹炮结合系统以及其他火力的杀伤类单元等。此外,气象威胁也是低空飞行器航线规划必须考虑的重要因素。

目前,在威胁建模方法中一般都采用杀伤概率作为威胁的描述指标。在实际威胁场,尤其是防空导弹威胁场中,杀伤概率是多种因素综合作用的结果,通常情况下不易表述。为此,本小节采用威胁效用值建模方法,此方法简单、易行、有效,在这种建模方法上的航线规划算法的实现证明了其正确性。

1. 简化的威胁建模方法

为了便于工程化,提高速度,通常采用常规方法对常规威胁模型进行简化。将各种威胁简化为以威胁源为圆心的圆柱体、半球体或以威胁源为顶点的圆锥体,如图 4 - 7 所示。

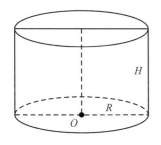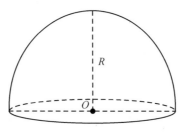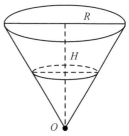

图 4 - 7　基本威胁模型示意

图 4 - 7 中 O 为威胁源中心,R 为威胁半径,H 为威胁高度。如常规雷达对应的威胁空间形状近似于半球体,而单个被动声定位反低空飞行器地雷、红外制导防空导弹对应的威胁空间近似于圆锥体,多个地雷组成的圆形雷场对应的威胁空间近似于圆柱体。圆柱体、半球体和圆锥体内的威胁强度相当于一定发现概率,而在形状外面的空间被近

似认为在一定限度内是安全的,对于飞行器可以忽略。

上述建模方法相对比较简单,计算速度快,在一些航线规划系统中得到广泛使用。

2. 雷达威胁

(1) 地形遮蔽雷达盲区的计算方法

地形遮蔽雷达盲区是指雷达波在空间传播过程中被起伏的地形表面和地形障碍物遮挡,形成地面雷达在有效作用距离内不能达到的空间。本小节利用地形可视性(LOS)算法求取雷达作用半径范围内所有点的雷达盲区高度和间隙高度。算法的原理是:设从雷达天线处引一条射线经过某一点,代表雷达发射的电磁波,如果射线能够不受地形阻碍到达该点,则说明该点不存在地形遮蔽盲区,反之则说明存在盲区。

基本的算法流程如下:以海平面为 Oxy 面,雷达所在地为原点,高程增大方向为 z 轴方向,建立三维坐标系,并以正方形栅格划分 Oxy 平面。x 轴和 y 轴所在铅垂面将作战区域划分 4 个区域。对于数字地图中某点 A,该点的地形遮蔽盲区高度可通过一定步骤求得,具体可参考文献[13]。地形遮蔽截面示意如图 4-8 所示。

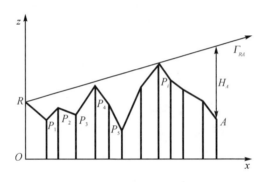

图 4-8　地形遮蔽截面示意

图 4-8 中 H_A 代表节点 A 的地形遮蔽雷达盲区高度,若 H_A 大于节点 A 的高程 h_A,则在节点 A 的盲区间隙高度为

$$\Delta H_A = H_A - h_A \qquad (4-6)$$

否则,在节点 A 处不存在地形遮蔽盲区。

按上述方法,对雷达作用区域内的所有节点逐点计算威胁有效作用范围内的地形遮蔽雷达盲区高度和盲区间隙高度。在低空飞行器低空突防航线规划中,要设定最小离地高度,雷达盲区的间隙高度小于最小离地高度的区域实际上是不能被低空飞行器利用的。因此,将该区域滤除,这样便得到有效雷达盲区。

(2) 俯视雷达和低空补盲雷达

对于在 20 m 高度突防的低空飞行器,地面预警雷达(5 m² 目标,暴露概率 $P_d=80\%$,虚警概率 $P_{fa}=10^{-6}$)探测作用距离为 300 km,平视情况下在平原地区的作用距离为 52 km,如果考虑地形遮蔽、地面杂波等因素影响,则可以说这类雷达对低空飞行器的威胁很小。相对而言,俯视雷达和低空补盲雷达对低空飞行器威胁较大,对于在 20 m 高度飞行的低空飞行器,小型气球载雷达的作用距离为 48 km,低空补盲雷达的探测距离接近 45 km,这使得这种形式的雷达成为探测低空飞行器的主要雷达形式。

对于俯视雷达,主要考虑雷达高度、俯视角度、雷达探测距离、低空飞行器的当前位置等几何位置关系,如图 4-9 所示。

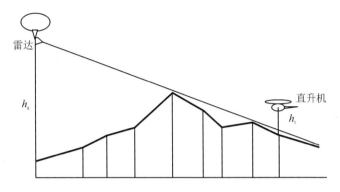

图 4-9 俯视雷达与低空飞行器的几何位置关系

3. 地空导弹威胁

防空导弹武器系统杀伤目标时受很多因素的限制,综合考虑这些因素的限制进而确定导弹杀伤目标的空间范围,称为防空导弹的综合杀伤区,简称杀伤区。其严格定义是指制导站周围的某一空域,在这一空域内,导弹以不低于某一给定值的概率杀伤预定目标。在杀伤区内各点的杀伤概率可以是不相等的,无论哪一个点的概率都不低于给定值。

杀伤区可以用地面直角坐标系进行描述,其边界可定义为远界、近界、高界、低界。在航线规划中,杀伤区的边界是规划的重要依据之一。由于受多种因素作用,杀伤区的形状比较复杂。在工程实际中为了便于分析,同时考虑到杀伤区各剖面的相似性,通常用两个平面图形来表示。这两个平面图形分别称为垂直平面杀伤区和水平平面杀伤区。下面结合图形说明杀伤区的具体形状。

如图 4-10 所示,$\overline{AB}$ 为杀伤区高界,对应的参数是杀伤目标的最大高度 H_{max};$\overline{BC}$ 为杀伤区远界,对应的参数是杀伤区远界的斜距 D_y;$\overline{AED}$ 为杀伤区近界,对应的参数是杀伤区近界的斜距 D_r 和最大高低角 ε_{max};$\overline{DC}$ 为杀伤区低界,对应的参数是杀伤目标的最小高度 H_{min};h 为杀伤区纵深。

如图 4-11 所示,$\overline{GM}$ 为杀伤区远界,对应的参数是垂直平面杀伤区远界的斜距 D_y 在水平面上的投影 D_f;$\overline{GF}$、$\overline{MN}$ 为杀伤区侧界,对应的参数是最大航线角 q_{max};h_0 也称杀伤区纵深,$h_0 = h(H,P)$,杀伤区纵深 h 与 h_0 是不同的;P_{max} 为最大航线捷径;P_0 为杀伤区近界的航线捷径。

有了杀伤区的形状,进行防空导弹杀伤区内的威胁场描述仍然很困难。原因在于地空导弹的机动能力很强,命中概率较高,而且导弹的发射时机直接关系到能否命中;而发射时机、发射枚数是不可掌握的,这需要考虑发射单元数目、连续射击能力、导航机动能力、射界、射高等诸多因素。因此,导弹威胁场的描述具有很大的不确定性。

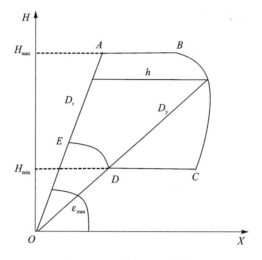

图 4 - 10　垂直平面杀伤区

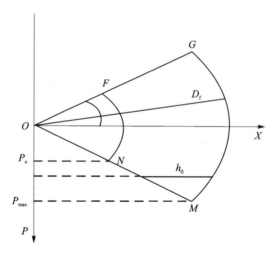

图 4 - 11　水平平面杀伤区

威胁场描述的不确定性,给路径规划造成了较大的困难。有研究工作采用目标水平距离的泊松分布来描述威胁场中的威胁大小,也有研究工作利用目标的飞行方向与高度建立威胁场模型。这两种方法过于简单,不能反映威胁场的真实信息。

下面采用威胁场效用值描述方法。这种方法使复杂的防空导弹威胁场建模得以有效简化,并且可以真实地反映各主要因素的作用。

为了达到简单有效描述威胁的目的,这里给出的是导弹有效范围内各点静态的效用值,而非杀伤概率。本小节在建立导弹威胁场模型时,首先考虑威胁场内某一点针对各种因素的威胁效用;然后进行综合,从而给出该点的威胁效用值。

考虑的因素有:

① 导弹发射单元与目标的斜距(R)。

② 目标绝对飞行高度(H)。

③ 目标相对高度(h)。

④ 目标速度与导弹速率比(μ)。

⑤ 目标相对发射单元的高低角(γ)。

⑥ 目标速度与瞄准线间夹角(q)。

下面对各因素分别进行分析。

给定点的导弹效用值用下面的公式表示：

$$F_M(R,H,h,\mu,\gamma,q)=pf_{MR}f_{MH}f_{M\mu}f_{M\gamma}f_{Mq} \quad \text{（点位于威胁场内非盲区）}$$
$$F_M(R,H,h,\mu,\gamma,q)=0 \quad \text{（点位于威胁场外或盲区）} \tag{4-7}$$

$$p=p_kp_{MR}p_{MH}p_{M\mu}p_{Mr}p_{Mq}$$

式中，p_k 为不同类型导弹间的比例系数，性能越先进，比例系数越大；其他几项分别代表各种效用值的权。在综合威胁场中，往往存在多种型号的非合作防空导弹，p 的存在可以更加有效地描述威胁的强度分配，从而为规划出合理的路径提供模型上的依据。

（1）导弹发射单元与目标的斜距（R）效用的表达式

$$f_{MR}=\begin{cases}0, & 0\leqslant R\leqslant a,d<R\\ \left\{\sin\left[\dfrac{-\pi}{2}+\dfrac{(R-a)\pi}{b-a}\right]+1\right\}/2, & a<R\leqslant b\\ 1, & b<R\leqslant c\\ \left\{\cos\left[\dfrac{(R-d)\pi}{c-d}\right]+1\right\}/2, & c<R\leqslant d\end{cases} \tag{4-8}$$

定义的依据如下：导弹的杀伤区包括远界和近界、高界及低界，在边界之外的区域，导弹对目标不能构成杀伤，而在边界内部的区域针对斜距来说效用并非完全相等。靠近高远界及低远界的区域，由于受到导弹动力系统的限制，导弹的机动能力大大降低，并且目标具有较大的机动能力，因此效用值相对较小；靠近杀伤区内侧的区域，由于受到导弹导引能力以及导弹安全射程的限制，因此效用值也相对较小。

基于以上考虑，将斜距效用曲线定义为如图 4-12 所示的形式，内、外边界处的效用值用三角函数进行插值，便得到连续的斜距效用值表达式。

（2）目标绝对飞行高度（H）效用的表达式

$$f_{MH}=\begin{cases}1, & 0\leqslant H\\ \left\{\cos\left[\dfrac{(H-a)\pi}{b-a}\right]+1\right\}/2, & a<H\leqslant b\\ 0, & b<H\end{cases} \tag{4-9}$$

目标绝对飞行高度效用与斜距效用有着不同的曲线形状，是出于导弹机动能力限制考虑的，高海拔处空气稀薄，导弹的转弯半径变大，不利于攻击目标。对于作战高界在 8 km 以内的轻型导弹，也可以不计目标绝对飞行高度效用，即令 $f_{MH}=1$。目标绝对飞行高度效用曲线如图 4-13 所示。

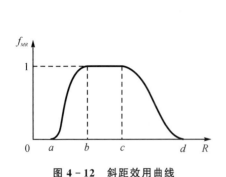

图 4-12 斜距效用曲线   图 4-13 目标绝对飞行高度效用曲线

（3）目标相对高度（h）效用的表达式

$$f_{Mh}=\begin{cases} 0, & 0\leqslant h\leqslant a,d<h \\ \left\{\sin\left[\dfrac{-\pi}{2}+\dfrac{(h-a)\pi}{b-a}\right]+1\right\}/2, & a<h\leqslant b \\ 1, & b<h\leqslant c \\ \left\{\cos\left[\dfrac{(h-d)\pi}{c-d}\right]+1\right\}/2, & c<h\leqslant d \end{cases} \qquad(4-10)$$

目标相对高度效用与斜距效用有着相同的曲线形状，受到以下 3 个因素的制约：

① 导弹机动高度限制。防空导弹由于受到地形的作用（如飞行高度过低有撞地的可能），因此射高有低界限制。

② 导弹引信的限制。飞行过低的导弹会出现引信误点火的情况。

③ 连射能力的限制。目标穿越威胁场的路线长度与相对高度成反比，路线长度越长，导弹连射概率越大。

（4）目标速度与导弹速度比（μ）效用的表达式

$$f_{M\mu}=\begin{cases} 1, & 0\leqslant \mu\leqslant a \\ \left\{\cos\left[\dfrac{(\mu-a)\pi}{b-a}\right]+1\right\}/2, & a<\mu\leqslant b \\ 0, & b<\mu \end{cases} \qquad(4-11)$$

式中，$\mu=v_{\mathrm{T}}/v_{\mathrm{M}}$，$v_{\mathrm{T}}$、$v_{\mathrm{M}}$ 分别为目标的速度与导弹的平均速度。其曲线形状与目标绝对飞行高度效用曲线形状相同。一般情况下，目标与导弹速速比越大，被击中的概率越小。

（5）目标相对发射单元的高低角（r）效用的表达式

$$f_{M\gamma}=\begin{cases} 0, & 0\leqslant \gamma\leqslant a,d<\gamma \\ \left\{\sin\left[\dfrac{-\pi}{2}+\dfrac{(\gamma-a)\pi}{b-a}\right]+1\right\}/2, & a<\gamma\leqslant b \\ 1, & b<\gamma\leqslant c \\ \left\{\cos\left[\dfrac{(\gamma-d)\pi}{c-d}\right]+1\right\}/2, & c<\gamma\leqslant d \end{cases} \qquad(4-12)$$

目标相对发射单元的高低角效用曲线形状与斜距效用曲线形状相同,主要受以下 2 个条件的影响:

① 当高低角过小时,目标跟踪雷达波束与地面夹角很小,地面杂波会严重干扰雷达的工作,造成雷达的探测盲区。

② 当高低角接近 90°时,由于雷达的工作范围与导弹的过载限制,因此效用值大大降低。

(6) 目标速度与瞄准线间夹角(q)的效用曲线

目标速度与瞄准线间夹角的效用曲线如图 4 - 14 所示。定义最小效用值为 p(取导弹迎头攻击时的效用值),p 的大小与导弹迎头攻击能力成正比。

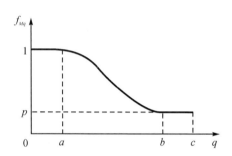

图 4 - 14　目标速度与瞄准线间夹角的效用曲线

由于导弹机动过载的限制,导弹迎头攻击的成功率要小于尾随攻击,根据这一特性,可以将效用曲线表示为以下形式:

$$
f_{Mq} = \begin{cases} 1, & q \leqslant a \\ p + \left\{ \cos\left[\dfrac{(q-a)\pi}{b-a}\right] + 1 \right\}(1-p)/2, & a < q \leqslant b \\ p, & b < q \end{cases} \quad (4-13)
$$

这里仅给出了角度在 0°～180°内的效用值计算公式,由于 -180°～0°内的效用值与 0°～180°内的效用值对称,因此可以容易地实现相关计算。

以上各效用表达式的各项参数与具体的导弹型号有关,不同型号的导弹有着不同的参数。在本节着重考虑三大类导弹:低空、中空与高空防空导弹。

4. 高炮威胁

高炮威胁场建模的思想与防空导弹威胁场建模的思想基本相同,也通过给出威胁场中点的效用值来进行威胁场的描述。

常规高炮杀伤区范围如图 4 - 15 所示。

为方便计算,对高炮杀伤区进行简化,如图 4 - 16 所示。

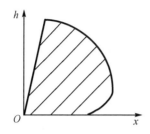

图 4-15　常规高炮杀伤区范围

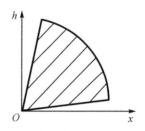

图 4-16　简化后的高炮杀伤区范围

（1）与导弹威胁场定义相同的部分

高炮威胁场的斜距效用、相对高度效用、角度效用指标函数仍采用防空导弹效用描述形式，但参数定义有所不同，以下是这三项的函数定义：

$$f_{GR} = \begin{cases} 0, & 0 \leq R \leq a, d < R \\ \left\{ \sin\left[\dfrac{-\pi}{2} + \dfrac{(R-a)\pi}{b-a}\right] + 1 \right\}/2, & a < R \leq b \\ 1, & b < R \leq c \\ \left\{ \cos\left[\dfrac{(R-d)\pi}{c-d}\right] + 1 \right\}/2, & c < R \leq d \end{cases} \tag{4-14}$$

$$f_{Gh} = \begin{cases} 0, & 0 \leq h \leq a, d < h \\ \left\{ \sin\left[\dfrac{-\pi}{2} + \dfrac{(h-a)\pi}{b-a}\right] + 1 \right\}/2, & a < h \leq b \\ 1, & b < h \leq c \\ \left\{ \cos\left[\dfrac{(h-d)\pi}{c-d}\right] + 1 \right\}/2, & c < h \leq d \end{cases} \tag{4-15}$$

$$f_{G\gamma} = \begin{cases} 0, & 0 \leq \gamma \leq a, d < \gamma \\ \left\{ \sin\left[\dfrac{-\pi}{2} + \dfrac{(\gamma-a)\pi}{b-a}\right] + 1 \right\}/2, & a < \gamma \leq b \\ 1, & b < \gamma \leq c \\ \left\{ \cos\left[\dfrac{(\gamma-d)\pi}{c-d}\right] + 1 \right\}/2, & c < \gamma \leq d \end{cases} \tag{4-16}$$

（2）与导弹威胁场定义不同的部分

1）速度效用曲线

高炮威胁场效用指标中仍含有速度效用因素，其定义与导弹威胁场定义不同，它采用目标速度作为参变量，而非速度比。速度效用曲线形状与导弹速度比效用曲线形状相同。

$$f_{Gv} = \begin{cases} 0, & 0 \leq v \leq a \\ \left\{ \cos\left[\dfrac{(v-a)\pi}{b-a}\right] + 1 \right\}/2, & a < v \leq b \\ 0, & b < v \end{cases} \tag{4-17}$$

其中, v 为目标速度。

2) 集群效用曲线

$$f_n = \begin{cases} 0, & n < a \\ \left[\left(\sin\left[\dfrac{-\pi}{2} + \dfrac{\pi n}{b}\right] + 1\right)\right]/2, & a \leqslant n \leqslant a+b \\ 1, & n > a+b \end{cases} \quad (4-18)$$

其中, n 为高炮门数,如果高炮集群中有 b 门以上高炮,则可以认为集群效用为 1。在本小节中将 b 定为 50,一般取 $a=1$。

高炮集群效用曲线如图 4-17 所示,由上述可见,当 $n=0$ 时,高炮集群效用值为 0。

5. 气象威胁

气象威胁建模的思想是划分禁/避飞区。对于影响低空飞行器飞行安全的雷暴、低空切变风等威胁天气区域,建模为禁飞区柱状体;对于降雨、薄雾等天气,建模为避飞区柱状体。气象威胁柱状体模型如图 4-18 所示。

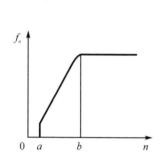

图 4-17 高炮集群效应曲线图

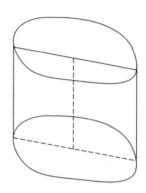

图 4-18 气象威胁柱状体模型

气象对低空飞行器飞行的威胁可表示为

$$f(x,y) = \begin{cases} p, & (x,y) \in S \\ 0, & (x,y) \notin S \end{cases} \quad (4-19)$$

式中, (x,y) 为低空飞行器在二维平面的投影坐标; S 为禁/避飞区在二维平面上的投影; p 为常数,代表该天气对低空飞行器的威胁程度,禁飞区 $p=1$,避飞区 $0 < p < 1$。

4.3.3 多个威胁源叠加的威胁模型

对于多个威胁源共同作用的情况,如图 4-19 所示,威胁区域中的第 i 点可以采用以下形式来表示:

$$w_i = \sum_{j=1}^{N}\left[k_j f_k(d_{i,j})\right] \quad (4-20)$$

式中, $d_{i,j}$ 为第 i 个坐标点到第 j 个威胁源的距离; k_j 为

图 4-19 多个威胁源示意

第 j 个威胁源的权重；$f_k(d_{i,j})$ 为以坐标点与威胁源距离为自变量的第 k 种威胁的代价函数。

在建立威胁模型的过程中，可以通过分析各种人为威胁的特性建立固定的威胁配置模板，威胁配置模板是指由一组参数确定的空间区域，其参数包括威胁中心坐标、杀伤半径(杀伤范围)和杀伤概率。在航线规划过程中，利用获知的情报信息、结合确定好的威胁配置模板，可以确定非合作火力对突防低空飞行器构成的威胁区域，为快速规划生存性好的航线提供方便。

4.4 航线规划

低空飞行器在执行任务时覆盖的区域很大，在这样大的一个区域内进行航线规划，属于典型的大范围优化问题。解决大范围优化问题的传统方法是动态规划算法及梯度寻优算法；动态规划算法仅限于分阶段决策过程的最优化问题，如果一个决策过程从起点状态到终点状态的状态转移次数不唯一，即全部决策序列所经过的状态数不唯一，则动态规划算法将遇到分阶段的困难；梯度寻优算法是沿目标函数的梯度方向逼近从而达到寻优的目的，由于它不仅需要获知目标函数的形式，而且需要目标函数的导数值等其他一些辅助信息才能确定搜索方向，因此对于目标函数是无法或很难求导数的函数，或导数不存在的优化问题，梯度寻优算法将遇到困难，另外，它无法保证全局最优解。

低空飞行器三维航线规划的理论问题，是指规划低空飞行器在各种约束条件下从起飞地点以最短时间安全飞抵任务地点执行任务的三维飞行路径。约束条件主要包括任务划定的空域限制、气象限制、地形限制、低空飞行器性能限制等。该问题是典型的约束最优化问题，简单地对起飞点和着陆点之间进行三维的航线规划，不但会造成规划过程中计算量和存储空间的急剧膨胀，而且当数字地图上敌情随时间发生变化时，将会造成计算的重复性和复杂性，问题的解算复杂度一般都是 NP－hard 的，这意味着不存在已知的多项式时间算法来求取最优解。因此，在实际的运用中往往对问题进行简化，采用优化方法来获取问题的次优解。

本节提出将航线规划分为两个步骤进行：首先执行低空飞行器高程上的航线规划，拟采用以实现地形跟随/地形回避/威胁回避（Terrain Following/Terrain Avoidance/Threat Avoidance，TF/TA2）飞行为目的的低空飞行引导技术，通过计算安全飞行曲面保证低空飞行器的飞行安全；然后利用气象、敌情和政策等信息进行二维航线规划，综合获得生存概率最大的低空飞行器三维航线。这样更符合战场的实际操作。该方案的优点在于将三维最优航线寻优合理地简化分解为一个高程安全曲面和一个二维搜索，避免了三维搜索巨大的复杂性，减小了计算量和存储量，提高了航线规划的速度。

4.4.1 安全飞行曲面

由于实际地形的起伏比较复杂，且低空飞行器受到其机动能力的限制，因此如何保证规划出的航线安全可飞且能实现 TF/TA2,是三维航线规划首先要解决的问题。

三维航线规划中安全飞行曲面的策略采用最小威胁曲面方法,主要分为两个步骤:首先采用综合地形平滑算法,对地形坡度和曲率进行限制与平滑处理,从而使飞行器在各个方向上的离地间隙在安全范围内,可以得到综合等效地形曲面;随后通过分析威胁杀伤特性、低空飞行器撞地概率和通透性可以确定最佳离地高度 h_s,由所有距离综合等效地形曲面 h_s 的点构成安全飞行曲面。求解安全飞行曲面的关键是最佳离地高度的确定,在不同地形地貌区域,由于地形起伏的不同,低空飞行器的撞地概率不一样,最佳离地高度也应有所不同。地形起伏变化越剧烈,撞地概率较高,离地高度应取大一点。低空飞行器在这个曲面之上飞行具有最高的安全性,且低空飞行器的安全飞行航线一定位于这个曲面之上。

假设综合等效地形曲面高程可以用函数 $h=f(x,y)$ 表示,则安全飞行曲面可描述为

$$F(x,y)=h_s+f(x,y) \tag{4-21}$$

$f(x,y)$ 是指经过插值和平滑处理后的数字地形高程。由于原始地图精度有限,因此必须对不在地形网格点上的各点采用某种插值算法得到其高程,从而得到较精细的数字地图。考虑到低空飞行器机动飞行性能的限制(如航线爬升角限制和过载限制),通常对原始地形进行平滑预处理,使平滑处理后的地形能够满足特定低空飞行器的可飞性。这样,当低空飞行器以此高度离地飞行时,可以将危险性降到最小。获得安全飞行曲面后,低空飞行器的最小危险飞行轨迹一定位于该曲面之上,因此,将低空飞行器的飞行高程限定在安全飞行曲面之上;随后根据二维航线规划对地表平面上的网格节点进行二维搜索,获得二维航线信息。通过以上两个步骤即可得到低空飞行器的三维航线,以保证飞行安全。

4.4.2　问题描述与目标函数

低空飞行器三维航线规划是指在综合考虑战场地形、备降条件、空域限制、气象威胁和防空威胁等外部环境,以及低空飞行器的机动性能、突防概率、碰地概率和飞行时间等多种约束条件的情况下,在三维战场空间中寻找从初始点到目标点的最优飞行航线。

由于低空飞行器主要被用来执行低空飞行任务,可以认为当在安全飞行曲面上飞行时低空飞行器既能低空突防,又能保持足够安全的离地间隙,因此将低空飞行器三维航线规划问题转化成了安全飞行曲面上的最优路径搜索问题,即在满足约束条件的情况下,在安全飞行曲面上寻找出一条从初始点到目标点的最优路径。

根据低空飞行器面临的低空突防任务,定义低空飞行器航线优化目标函数为

$$W=\sum_{(x,y,z)\in F}\left[\omega_1 W_1(x,y,z)+\omega_2 W_2(x,y,z)+\omega_3 W_3(x,y,z)+\omega_4 W_4(x,y,z)\right]$$

$$\tag{4-22}$$

式中,$F=f(x,y,z)$,为安全飞行曲面;$W_1(x,y,z)$ 为雷达、地面导弹、高炮等各种威

胁程度;$W_2(x,y,z)$ 为航线点与备降机场之间的最小距离;$W_3(x,y,z)$ 为飞行平均高度;$W_4(x,y,z)$ 为航线长度;ω_1、ω_2、ω_3 和 ω_4 为权重比值,且 $\omega_1+\omega_2+\omega_3+\omega_4=1$。

由安全飞行曲面的生成算法可知,对于安全飞行曲面 F 上的任意一点 (x,y,z),一定存在一个函数 $f(x,y)$,满足 $z=f(x,y)$,$(x,y,z)\in F$,将 z 代入式(4-22),且令

$$\begin{cases} H_1(x,y)=W_1[x,y,f(x,y)] \\ H_2(x,y)=W_2[x,y,f(x,y)] \\ H_3(x,y)=W_3[x,y,f(x,y)] \\ H_4(x,y)=W_4[x,y,f(x,y)] \end{cases} \quad (4-23)$$

则低空飞行器航线优化目标函数可表示为

$$W=\sum_{(x,y)\in Q}[\omega_1 H_1(x,y)+\omega_2 H_2(x,y)+\omega_3 H_3(x,y)+\omega_4 H_4(x,y)]$$

$$(4-24)$$

式中,Q 为安全飞行曲面在水平面上的投影。根据数字地表模型的网格划分方法,将二维平面栅格化。此时低空飞行器三维航线规划问题就变成了在二维网格地图的最优路径搜索问题,使得目标函数的 W 最小。本节的重点是采用合适的航线规划算法,以及根据不同的目的,研究不同权值之间的搭配。

4.4.3 航线规划算法

航线规划问题比较复杂,具体表现在:

(1) 约束条件众多

① 航迹线长度约束:无人机等飞行器的续航能力有限,因此航迹线长度必须在飞行器可持续飞行的最大航路内。

② 避障约束:在飞行过程中,必须避免与地面障碍物、其他飞行器以及天气现象(如雷雨云)等发生碰撞。

③ 其他约束:包括最小转弯半径约束、爬升约束等,这些都需要根据飞行器的性能和飞行环境来确定。

(2) 模糊性大

① 环境模型的复杂性和不确定性:如天气变化、地形起伏等都会对航线规划产生影响,但这些因素往往具有不确定性。

② 任务需求的模糊性:在某些情况下,任务需求可能不够明确或存在变化,这增加了航线规划的难度。

(3) 各因素之间的强耦合关系

① 控制与任务方式的独特性:不同类型的飞行器(如固定翼飞机、直升机、无人机等)具有不同的控制和任务方式,这要求航线规划必须考虑这些独特性。

② 多目标优化问题:航线规划通常需要在多个目标之间找到平衡点,如最短飞行时间、最低能耗、最高安全性等。这些目标之间往往存在冲突和耦合关系。

(4) NP 问题

Canny 在 1988 年证明了航线规划是一个 NP 问题。这意味着航线规划问题具有解的存在性难以验证和组合爆炸问题,解的数量随着问题规模的增大而呈指数级增长,这使得在有限的时间内找到最优解变得几乎不可能。

近年来,为了研究航线规划,国内外学者提出了很多算法。最常见的算法包括 A* 算法、Dijkstra 算法、动态规划法算法、遗传算法、差分进化算法、神经网络算法、人工免疫算法、Voronoi 图等。

本小节对规划算法选择的基本出发点是便于工程化实现,同时规划速度要快。初步选用 A* 算法和蚁群算法进行研究,通过算法研究给出工程化实现,并进行对比分析。

1. A* 算法

A* 算法是由 E. Korf 提出的一种启发式搜索算法,通过建立和更新每个状态点到目标点的评估代价来寻求最优路径。A* 算法的基本思想是通过设定合适的启发函数,全面评估各扩展搜索节点的代价值,通过比较各扩展节点代价值的大小,选择最符合要求的点加以扩展,直到找到目标节点为止。在 A* 算法的实现中,一般在搜索过程中构造两个表:open 表和 close 表。open 表用于记录已经被计算但没有被扩展的节点,close 表用于存放已经被扩展的节点。在每步搜索过程中,首先从 open 表中找出代价值最小的节点,将它加入 close 表进行扩展。

在 A* 算法中,评估各扩展搜索节点的代价需要用到代价函数,代价函数的一般形式为 $f(n)=g(n)+h(n)$。其中,$g(n)$ 为初始节点到节点 n 已经实际付出的代价;$h(n)$ 为从节点 n 到目标节点的估计代价,体现了问题的启发式信息,其形式通常根据问题的特性而定,一般将 $h(n)$ 称为启发函数。代价函数 $f(n)$ 表示从初始节点经过节点 n 到达目标节点的最优路径的代价估计,它的作用是估价 open 表中各节点的重要性程度,决定它们在 open 表中的次序。其中 $g(n)$ 指出了搜索的横向趋势,虽然有利于搜索的完备性,但影响搜索的效率。

对于 A* 算法,需要重点研究两个方面:一是改进搜索策略,在进行节点扩展的过程中,考虑到低空飞行器最小转弯半径和最大航向角变化率,既要提高扩展效率,又要满足机动性要求;二是代价函数的设置,如何选择合适的启发式代价函数是系统研制的重点。

以搜索策略为例,传统的 A* 算法在节点扩展过程中,一般采用 8 个相邻节点单元或者进一步扩大搜索步长的方法,没有考虑到最小转弯半径的限制,当搜索范围较大时,算法搜索时间过长。一种可能的改进策略是考虑飞机的最小转弯半径和最大航向角变化率,通过选择可达区域的 5 个子节点来扩展,这样既提高了扩展效率,又满足了机动性要求,如图 4 - 20 所示。

2. 蚁群算法

蚁群算法(Ant Colony Optimization,ACO)是一种用来在图中寻找优化路径的随机搜索寻优算法,其灵感来源于蚂蚁在寻找食物过程中发现路径的行为。它是一种模拟进化算法,研究表明该算法具有许多优良的性质。其基本特征是:具有正反馈性,本

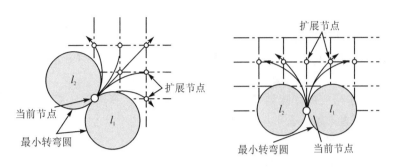

图 4 - 20　采用改进策略后减少了扩展节点数目

质上是基于包含多个个体的群体搜索策略,具有并行分布式计算的特点,采用基于概率的搜索技术,对待求解问题无连续、可微、凸性等要求。

基本的蚁群算法可以按如下方式定义:

设将 m 个蚂蚁随机放在有 n 个节点的全连通图上, N 为节点 i 的相邻节点集合, $\tau_{ij}(t)$ 为 t 时刻 i、j 连线上的信息素量, $\eta_{ij}(t)$ 为与问题相关的启发信息,即选择 j 作为下一个节点的启发函数值,此处设 $\eta_{ij}(t)=1/d_{ij}$, d_{ij} 为节点 i 和 j 之间的距离。

在初始时刻,各条路径上的信息量相等,设 $\eta_{ij}(0)=C$,C 为常数。蚂蚁 $k(k=1,2,\cdots,m)$ 在运动过程中根据各条路径上的信息量和问题的启发式信息决定转移方向, $p_{i,j}^{k}(t)$ 为 t 时刻蚂蚁 k 由位置 i 转移到位置 j 的概率,可表示为

$$p_{i,j}^{k}(t)=\begin{cases}\dfrac{[\tau_{ij}(t)]^{\alpha}[\eta_{ij}(t)]^{\beta}}{\sum\limits_{s\in N}[\tau_{is}(t)]^{\alpha}[\eta_{is}(t)]^{\beta}}, & j\ 不是目标节点\\ 1, & j\ 是目标节点\end{cases} \qquad (4-25)$$

式中,α、β 为信息启发因子,是调节信息素强度 τ 和启发信息 η 相对重要性的参数。

完成一次蚁群航线搜索后,应对所经过的路径的信息素进行更新,规则如下:

$$\tau_{ij}(t+1)=(1-\rho)\tau_{ij}(t)+\sum_{k=1}^{m}\Delta\tau_{ij}^{k}(t) \qquad (4-26)$$

式中,$\Delta\tau_{ij}^{k}(t)$ 为第 k 只蚂蚁从节点 i 转移到节点 j 所遗留的信息素。如果在第 t 次迭代中,第 k 只蚂蚁没有经过该路径,则 $\Delta\tau_{ij}^{k}(t)=0$。

根据更新策略的不同,有三种基本的蚁群算法模型,分别为 Ant - Cycle 模型、Ant - Quantity 模型及 Ant - Density 模型,差别在于 $\Delta\tau_{ij}^{k}(t)$ 求法不同。

在 Ant - Cycle 模型中,有

$$\Delta\tau_{ij}^{k}(t)=\begin{cases}\dfrac{Q}{L_{k}}, & 第\ k\ 只蚂蚁在本次循环中经过\ i、j\\ 0, & 其他\end{cases} \qquad (4-27)$$

式中,Q 为信息素强度,在一定程度上影响算法的收敛速度;L_{k} 为第 k 只蚂蚁在本次循环中所经过的路径总长度。

在 Ant - Quantity 模型中,有

$$\Delta \tau_{ij}^{k}(t) = \begin{cases} \dfrac{Q}{d_{ij}}, & \text{第 } k \text{ 只蚂蚁在 } t \text{ 和 } t+1 \text{ 之间经过 } i \text{、} j \\ 0, & \text{其他} \end{cases} \quad (4-28)$$

在 Ant - Density 模型中,有

$$\Delta \tau_{ij}^{k}(t) = \begin{cases} Q, & \text{第 } k \text{ 只蚂蚁在 } t \text{ 和 } t+1 \text{ 之间经过 } i \text{、} j \\ 0, & \text{其他} \end{cases} \quad (4-29)$$

基本的蚁群算法具有收敛速度较慢、计算时间长,易于过早陷入局部最优等缺点。为了克服这些缺点,增强整体搜索能力,加快收敛速度,需要对基本蚁群算法进行改进。基本的改进策略包括:

(1) 精灵策略

精灵策略,即保留算法的最佳结果。在每次循环结束后,保留最佳结果。

(2) 自适应航线点选择策略

基本蚁群算法在构造解的过程中利用概率随机选择策略,这种策略使得进化速度较慢。正反馈原理虽然旨在强化性能较好的解,但是易出现停滞现象。因此,从选择策略方面进行修改,采用确定性选择和随机选择相结合的选择策略,并在搜索过程中动态调整做确定性选择的概率。

(3) 信息素蒸发因子自适应调整策略

当问题规模大时,由于信息素蒸发因子 ρ 的存在,那些没有被搜到的节点上信息素会减少到接近 0,降低了算法的全局搜索能力,而且当 ρ 过小时,以前搜索过的解被选择的可能性过大,也会影响算法的全局搜索能力。通过增大 ρ 虽然可以提高算法的全局搜索能力,但又会使算法的收敛速度降低。因此,可以采用自适应改变 ρ 的大小,初时为 0.1,当算法求得的最优值在 N 次循环内没有明显改变时,增大 ρ,即

$$\rho = \begin{cases} 1.05\rho(t-1), & \rho \leqslant \rho_{\max} \\ \rho_{\max}, & \rho \geqslant \rho_{\max} \end{cases} \quad (4-30)$$

(4) 节点信息素最大最小限制策略

蚁群算法在搜索过程中不断改变航线信息浓度,可能出现某些航线信息素大于其他航线,而造成算法的停滞和早熟。因此,有必要对航线信息素进行控制,保证算法搜索新航线的能力,提高全局收敛效果。

在蚁群算法应用过程中易出现的停滞和扩散问题不容忽视,将各条寻优航线上可能的残留信息素数量限制在$[\tau_{\min}, \tau_{\max}]$。$\tau_{\min}$ 可以有效避免算法停滞,$\tau_{\max}$ 可以避免某条航线上的信息量远大于其他航线,使所有的蚂蚁都集中到同一条航线上面,从而限制了算法的扩散,可表示为

$$\tau_{ij}(t+n) = \begin{cases} \tau_{\min}, & \tau_{ij}(t) < \tau_{\min} \\ \tau_{ij}(t), & \tau_{\min} < \tau_{ij}(t) < \tau_{\max} \\ \tau_{\max}, & \tau_{ij}(t) > \tau_{\max} \end{cases} \quad (4-31)$$

基本的航线规划算法流程如图 4 - 21 所示。

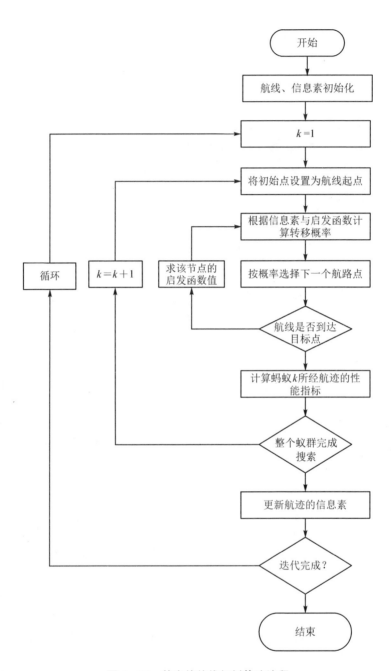

图 4-21 基本的航线规划算法流程

4.5 航线后处理

航线后处理主要是平滑处理,包括垂直面内的平滑处理和水平面内的平滑处理两部分。

4.5.1 垂直面内的平滑处理

1. 地形坡度处理

低空飞行器在低空突防过程中一般贴地飞行,地形地貌对其飞行性能影响很大。因此,在低空突防过程中,为保证低空飞行器能够对周围的地理环境及时做出反应,必须对其离地高度进行限制。由于低空飞行器本身存在几何体积和尺寸,以及周围地形存在起伏,因此它距周围障碍物的距离可能会小于安全距离,尤其是横侧向的离地间隙。另外,低空飞行器在飞行中能够探测和处理的前方信息的距离范围有限,当碰到非常陡峭的山峰时,规划产生的控制指令要求可能会超过低空飞行器机动能力的限制。为适应低空飞行器性能要求,必须对规划依托的地形数据在原有基础上加以处理,避免极限情况的出现。

从图4-22可以看出低空飞行器的最小离地间隙与垂直离地高度的相互关系。当对地形的坡度进行限制时,只要相应地限制低空飞行器的离地高度,就可以在限制低空飞行器最小离地间隙的同时保证低空飞行器机动能力的要求,使规划算法得到的参考航线满足低空飞行器在窄而陡峭的山谷中安全飞行。

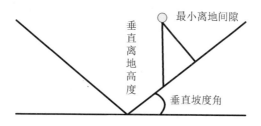

图4-22 低空飞行器的最小离地间隙

为了满足低空飞行器的性能限制,可以预先对地形数据进行处理,使处理后的地形坡度小于最大坡度角。设a、b为数字地图上相邻的两点,高度分别为Z_a和Z_b,两点水平距离为l,则两点连线和地平面之间的夹角为

$$\theta_{ab} = \tan^{-1}\left(\frac{Z_b - Z_a}{l}\right) \tag{4-32}$$

地形坡度的处理准则如下:如果θ_{ab}大于θ_{max},则抬高a点,使$Z_a = Z_b - l\tan\theta_{max}$;如果$\theta_{ab} < -\theta_{max}$,则抬高$b$点,使$Z_b = Z_a - l\tan\theta_{max}$。

对整个地形区域的任意两个相邻点进行上述处理,直到没有需要处理的点为止,就完成了地形的平滑处理。用这种方法平滑后的地形坡度有效降低,使得按此地形规划的航线在保证最小飞行高度的同时也保证了垂直离地高度。

2. 地形曲率处理

低空飞行器有最大法向过载限制,坡度预处理无法解决这一问题。如图 4 - 23 所示,坡度虽然满足了要求,但若按照路径 1 飞行,则在 A 点由于地形的曲率较大,因此很可能超过了飞行器的法向加速度限制,从而飞不出该峡谷。而按照路径 2 飞行才是安全的。因此,在地形平滑时要考虑法向加速度的限制。

由于低空飞行器在垂直面内运动轨迹的曲率 ρ_v 和法向加速度 n_z 有如下关系:

$$\rho_v = \frac{n_z - g}{v^2} \tag{4-33}$$

因此当速度一定时,如果对垂直轨迹的曲率 ρ_v 进行限制,那么低空飞行器法向加速度 n_z 的要求就能得到满足。首先利用式(4-33)计算出地形曲率的最大值 ρ_{max},然后对 x 和 y 方向的曲率进行限制,使它们的绝对值小于等于 ρ_{max}。x 方向和 y 方向的处理方法相同,设地形的高程函数为 $h = f(x, y)$,则 x 方向的曲率为

$$\rho_x = \frac{f'_x}{(1 + f'^2_x)^{3/2}} \tag{4-34}$$

只要 x 方向和 y 方向的曲率小于 ρ_{max},即可满足法向加速度的要求。

3. 综合地形平滑算法

上述的曲率限制法虽然解决了低空飞行器的法向加速度限制,但没有解决低空飞行器的最大航线爬升角及最小离地安全间隙的限制问题。因此,需要将坡度限制和曲率限制结合起来,形成综合地形平滑算法,算法描述如图 4 - 24 所示。

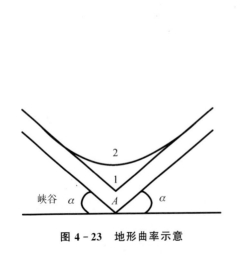

图 4 - 23　地形曲率示意

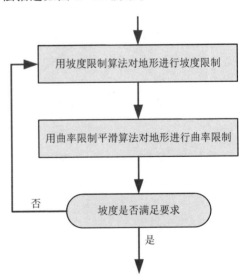

图 4 - 24　综合地形平滑算法示意

118

4.5.2 水平面内的平滑处理

由于低空飞行器在垂直剖面采取地形跟随飞行,航向剖面内由航线规划算法搜索出来的是一条由折线连接而成的代价最优航线,没有考虑低空飞行器的机动性能条件,并不一定可飞,因此同样需要进行后处理,即进行平滑处理,如图 4 - 25 所示。

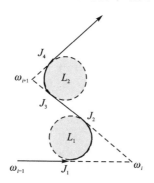

图 4 - 25　航线后处理示意

拟采用 k-路径平滑方法,即采用满足最小转弯半径要求的转弯圆 L_1 与前后两个航线段 $\overline{\omega_{i-1}\omega_i}$ 和 $\overline{\omega_i\omega_{i+1}}$ 相切,得到切点 J_1 和 J_2,并将原航线点 ω_i 删除,最终得到图 4 - 25 的航线 $\overline{\omega_{i-1}J_1J_2}$,可以证明圆弧段航线 J_1J_2 最短。对 L_2 做同样的处理,就可以得到最终水平平滑后的航线。

4.6　二维/三维可视化规划验证

利用高分辨率卫星影像和数字高程信息,基于非合作威胁模型,构建低空飞行器飞行真实环境的合成场景。在时间驱动下模拟飞行可检验所规划的飞行航线的可行性,验证是否存在航线冲突,规避发生碰撞的风险;演示模拟飞行过程中的目标指示情况,直观显示目标指示的效果,判断是否符合飞行人员的飞行习惯和实际视觉效果;演示进入敌雷达、高炮和导弹等防空武器威胁范围的飞行情况,提升对各种威胁因素及其威胁程度的认识。

二维/三维可视化规划验证需要解决的重要问题是二维/三维空间各类威胁区的生成与表达,也就是要依据建立的威胁模型。针对低空飞行器超低空飞行的特点,根据通过卫星信息获取的空域、地形等约束条件,在二维/三维空间生成禁飞区和避飞区,并采用适当的形式予以表达,为规划提供直观的显示效果。

利用上面提到的技术方案和关键技术路线,初步建立了低空飞行器航线规划系统,包括三个软件子系统,即三维显示软件子系统、二维显示软件子系统和航线规划软件子系统。运用该系统对提出的模型和算法进行了初步验证,证明了其合理性,后面需要结合部队的实际需求,进行进一步扩展和验证。

1. 三维显示软件子系统

三维显示软件子系统的主要功能是将经过预处理、自动规划和平滑处理的航线进行三维动态显示。三维显示软件子系统采用数字地球开发平台,基于地理空间信息应用技术,用于解决全球多源、多时相、多分辨率空间数据的组织、管理、展示、分析、标绘、定位、检索、导出等问题;通过以地理空间、时间信息为核心的框架,组织管理各类时间、空间属性信息数据和专业信息数据,结合不同的业务需求开发面向不同业务的系统,实现承载各种空间信息的多样性应用模式;提供空间地理数据组织与管理、数据的时空属性的多样性多层次展示、二维地形可视化、地理空间的测量与分析、目标管理等功能;可以将遥感影像、矢量地图、标注信息、态势信息、目标信息等进行叠加分级显示,提供具有二维场景漫游浏览、图层管理、目标分级分类显示、目标关联信息显示等基础功能的底层框架。

三维显示软件子系统的主要功能如下:

① 将数字高程地图和卫星数字影像在三维数字地球上显示出来。

② 将威胁区在三维数字地球上显示出来。

③ 将规划出的航线在数字地球上完整地显示出来。

④ 实现沿航线虚拟飞行,提供步进方式,使低空飞行器沿着规划出的航线飞行,对规划航线的正确性进行验证。同时可以熟悉规划出的航线。

⑤ 实现三维画面和二维画面的联动显示。

⑥ 通过网络实现与二维显示软件子系统进行通信。

实现的三维显示威胁区界面如图 4-26 所示。

图 4-26　GeoVIS 显示威胁区界面

规划出的航线如图 4-27 所示。

低空飞行器沿航线飞行推演界面如图 4-28 所示。

2. 二维显示软件子系统

二维显示软件子系统是一个通用地理信息系统基础平台,不仅为最终用户提供直接可用的地理信息系统工具软件包,而且为二次开发用户提供功能丰富的应用开发包,以便用户构建自己的应用系统。它可以提供各类地图(矢量、影像、像素、DEM 等)的叠加显示、各种查询分析、数据编辑、地图制图、打印输出等功能。用户还可以根据自己

图 4 - 27　GeoVIS 显示规划航线界面

图 4 - 28　GeoVIS 显示低空飞行器沿航线飞行推演界面

的需求对系统的功能和界面进行裁减和定制。

二维显示软件子系统主要功能如下：

① 将数字高程地图和卫星数字影像在二维地图上显示出来。

② 将威胁区在二维地图上显示出来。

③ 将规划出的航线在二维地图上完整地显示出来。

④ 实现沿航线虚拟飞行，提供步进方式，使低空飞行器沿着规划出的航线飞行，对规划航线的正确性进行验证。同时可以熟悉规划出的航线。

⑤ 航线编辑功能，可以对规划出的航线进行手工编辑。

⑥ 实现二维画面和三维画面的联动显示。

⑦ 实现网络控制模块的服务端控制。

3. 航线规划软件子系统

航线规划软件子系统的主要功能包括：

① 对数字高程模型进行预处理、重采样。

② 对低空飞行器可能遇到的雷达威胁、地空导弹威胁和高炮威胁按照所构建的威胁模型进行建模、量化。

③ 采用特定的规划算法（例如蚁群算法和 A* 算法）进行规划，生成航线文件。

航线规划软件子系统的主要参数如下：

① 低空飞行器的性能参数：

• 最大航线爬升角。

• 最小纵向垂直离地间隙。

- 最小离地安全间隙。
- 最大法向加速度。
- 最小转弯半径。
- 低空飞行器升限。
- 最大航向角变化率。
- 最大航线长度。

② 规划参数：

- 起点坐标。
- 终点坐标。
- 初始航向角。
- 最大航程约束。
- 最小步长。
- 洼地配置参数($L \times L$)。
- 禁飞区配置参数。
- 搜索算法参数(权重等)。
- 威胁配置参数。
- 备降机场坐标参数。

对于规划出的航线，以 XML 文件的形式存储。下面是一个具体的例子。

```
<? xml version = "1.0" encoding = "GB2312"? >
- <参数加载>
<任务名称>测试</任务名称>
<飞机编号>30315</飞机编号>
- <机场 标识 = "1" 名称 = "机场点">
- <起飞机场 标识 = "机场 1">
<参数 数值 = "起飞机场点" 名称 = "类型" />
<参数 数值 = "117.049722" 名称 = "经度" />
<参数 数值 = "30.582222" 名称 = "纬度" />
<参数 数值 = "17.500000" 名称 = "高程" />
<参数 数值 = "61.733333" 名称 = "跑道方向" />
</起飞机场>
- <降落机场 标识 = "机场 1">
<参数 数值 = "降落机场点" 名称 = "类型" />
<参数 数值 = "117.049722" 名称 = "经度" />
<参数 数值 = "30.582222" 名称 = "纬度" />
<参数 数值 = "17.500000" 名称 = "高程" />
<参数 数值 = "61.733333" 名称 = "跑道方向" />
</降落机场>
</机场>
- <规划点 标识 = "4" 名称 = "规划点">
```

- ＜参数组 标识 = "4.1" 名称 = "规划点 1"＞
＜参数 数值 = "1" 名称 = "规划点号" /＞
＜参数 数值 = "114.180717" 名称 = "经度" /＞
＜参数 数值 = "41.553083" 名称 = "纬度" /＞
＜参数 数值 = "283" 名称 = "高程" /＞
＜/参数组＞
- ＜参数组 标识 = "4.2" 名称 = "规划点 2"＞
＜参数 数值 = "2" 名称 = "规划点号" /＞
＜参数 数值 = "114.184883" 名称 = "经度" /＞
＜参数 数值 = "41.553083" 名称 = "纬度" /＞
＜参数 数值 = "282" 名称 = "高程" /＞
＜/参数组＞
- ＜参数组 标识 = "4.3" 名称 = "规划点 3"＞
＜参数 数值 = "3" 名称 = "规划点号" /＞
＜参数 数值 = "114.189050" 名称 = "经度" /＞
＜参数 数值 = "41.553083" 名称 = "纬度" /＞
＜参数 数值 = "283" 名称 = "高程" /＞
＜/参数组＞
- ＜参数组 标识 = "4.4" 名称 = "规划点 4"＞
＜参数 数值 = "4" 名称 = "规划点号" /＞
＜参数 数值 = "114.193217" 名称 = "经度" /＞
＜参数 数值 = "41.553083" 名称 = "纬度" /＞
＜参数 数值 = "284" 名称 = "高程" /＞
＜/参数组＞
……
- ＜参数组 标识 = "4.1076" 名称 = "规划点 1076"＞
＜参数 数值 = "1076" 名称 = "规划点号" /＞
＜参数 数值 = "118.459883" 名称 = "经度" /＞
＜参数 数值 = "39.411417" 名称 = "纬度" /＞
＜参数 数值 = "290" 名称 = "高程" /＞
＜/参数组＞
＜/规划点＞
＜/参数加载＞

第 5 章　基于视景的组合导航技术

5.1　概　述

视景导航与目标指示技术的信息流程如图 5-1 所示。其中：

① 导航视景生成与显示模块主要根据飞行需求以舱内、舱外和公共视角三种模式显示导航视景。舱内视角显示模式主要为飞行员提供与当前飞行状态完全一致的三维视景以及地理信息。舱外视角显示模式提供在低空飞行器侧上方的观察视图,除了显示从空中俯视的三维动态视景和地理信息外,还能够全面地显示低空飞行器的飞行姿

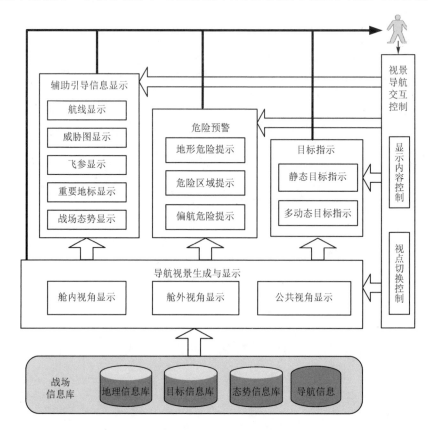

图 5-1　视景导航与目标指示技术的信息流程

态。公共视角显示模式以固定视角提供对整个作战区域的全局视图,便于飞行员及时掌握全局态势。

② 辅助引导信息显示模块主要为导航视景生成与显示模块中的导航视景增加辅助引导信息,包括航线、重要地标、飞参、威胁图和战场态势,并根据三种视角显示模式的特点提供适合的显示内容与显示方式。

③ 危险预警模块主要是在导航视景中计算并增加危险提示信息,包括地形危险提示、危险区域提示和偏航危险提示。

④ 目标指示模块主要是在导航视景中增加对非合作目标的指示信息,包括静态目标指示和多动态目标指示,并根据三种视角显示模式的特点提供适合的显示内容与显示方式。

⑤ 视景导航交互控制模块主要为用户提供对导航信息的交互控制,包括对视点切换的控制以及显示内容的控制。

5.2　导航视景生成与显示模块

导航视景生成与显示模块首先对组合导航信息进行处理以计算得到低空飞行器连续的位置姿态信息,这是正确生成连续平滑的当前导航视景的前提条件;然后根据飞行需求以舱内、舱外和公共视角三种模式显示导航视景,并定义各种视角下可能显示的辅助引导信息。

导航视景生成与显示模块的功能结构如图 5 - 2 所示。

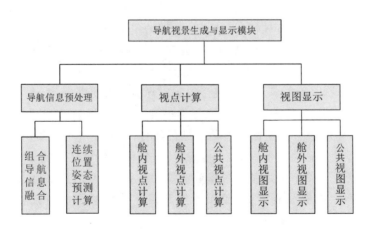

图 5 - 2　导航视景生成与显示模块的功能结构

信息流程如图 5 - 3 所示。

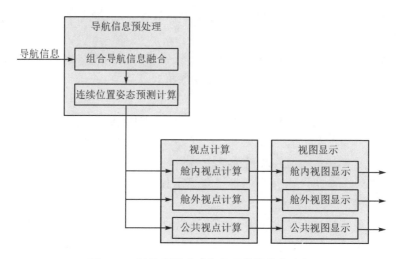

图 5-3　导航视景生成与显示模块信息流程

5.2.1　导航信息预处理

1. 组合导航信息融合

本小节实现了卫星导航信息与惯性导航信息的整合处理。惯性导航系统(INS)具有能够不依赖外界信息,完全独立自主地提供多种较高精度的导航参数的优点,具有抗电子辐射干扰、大机动飞行、隐藏性好的特点。然而,它的系统精度主要取决于惯性测量器件,导航参数误差随时间而积累,误差积累的速度主要由初始对准的精度、导航系统使用的惯性传感器的误差以及主运载体运动轨迹的动态特性决定,如果惯性器件的精度较低则误差的积累速度较快,不适合长时间的单独导航。卫星导航具有长时间绝对定位的稳定性,其定位误差与时间无关,且有较高的定位和测速精度。但是当载体在做高动态的运动时,常使接收机不易捕获和跟踪卫星载波信号。另外,卫星导航接收机的信号输出频率较低,不能满足载体飞行控制对导航信号更新频率的要求。鉴于卫星导航和 INS 导航系统各自的优缺点,卫星导航/INS 组合导航具有很好的互补性,因此,需要将卫星导航信息与惯性导航信息进行融合,用 GNSS 和惯性导航输出的位置与速度信息的差值作为测量值,经卡尔曼滤波器,估计惯性导航系统的误差,对惯性导航系统进行校正。本小节采用基于卡尔曼滤波的位置、速度信息组合方案,如图 5-4 所示。该方案不会影响原有系统,卫星导航和惯性导航系统仍可独立工作,只是用 GNSS 辅助惯性导航,使导航信息有一定余度。

卡尔曼滤波器从与被提取信号有关的测量值中,通过算法估计出所需信号。其中被估计信号是由白噪声激励引起的随机响应。激励源与响应之间的传递结构(系统方程)是已知的,测量值与被估计量之间的函数关系(测量方程)也是已知的。估计过程中用了如下信息:系统方程、测量方程、白噪声激励的统计特性、测量误差统计特性。

设系统的状态方程和测量方程分别为

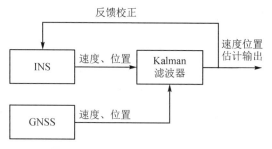

图 5 - 4 位置、速度组合滤波方案

$$\boldsymbol{X}_k = \boldsymbol{\Phi}_{k,k-1} \boldsymbol{X}_{k-1} + \boldsymbol{\Gamma}_{k-1} \boldsymbol{W}_{k-1} \tag{5-1}$$

$$\boldsymbol{Z}_k = \boldsymbol{H}_k \boldsymbol{X}_k + \boldsymbol{V}_k \tag{5-2}$$

式中，$\boldsymbol{X}_k$ 为 k 时刻的状态矢量，即被估计矢量；$\boldsymbol{\Phi}_{k,k-1}$ 为系统转移矩阵；$\boldsymbol{\Gamma}_{k-1}$ 为系统噪声 $\boldsymbol{W}_{k-1}$ 的系数矩阵；$\boldsymbol{Z}_k$ 为 k 时刻的观测矢量；$\boldsymbol{H}_k$ 为观测系数矩阵；$\boldsymbol{V}_k$ 为观测噪声。

卡尔曼滤波要求系统必须为线性系统，系统噪声 $\boldsymbol{W}_k$ 与观测噪声 $\boldsymbol{V}_k$ 为白噪声，即

$$\begin{cases} \mathrm{cov}\,[\boldsymbol{W}_i \boldsymbol{W}_k] = \boldsymbol{Q}_k \delta_{ik} \\ \mathrm{cov}\,[\boldsymbol{V}_i \boldsymbol{V}_k] = \boldsymbol{R}_k \delta_{ik} \end{cases} \tag{5-3}$$

式中，$\boldsymbol{Q}_k \geqslant 0$、$\boldsymbol{R}_k > 0$ 分别为系统噪声方差阵、观测噪声方差阵。δ_{ik} 是 Kronecker δ 函数。针对式(5-3)所描述的线性系统，其离散卡尔曼滤波方程如下：

状态一步预测方程为

$$\hat{\boldsymbol{X}}_{k/k-1} = \boldsymbol{\Phi}_{k,k-1} \hat{\boldsymbol{X}}_{k-1} \tag{5-4}$$

状态估计计算方程为

$$\hat{\boldsymbol{X}}_k = \hat{\boldsymbol{X}}_{k/k-1} + \boldsymbol{K}_k (\boldsymbol{Z}_k - \boldsymbol{H}_k \hat{\boldsymbol{X}}_{k/k-1}) \tag{5-5}$$

一步预测均方差方程为

$$\boldsymbol{P}_{k/k-1} = \boldsymbol{\Phi}_{k,k-1} \boldsymbol{P}_{k-1} \boldsymbol{\Phi}_{k,k-1}^{\mathrm{T}} + \boldsymbol{\Gamma}_{k-1} \boldsymbol{Q}_{k-1} \boldsymbol{\Gamma}_{k-1}^{\mathrm{T}} \tag{5-6}$$

滤波增益方程为

$$\boldsymbol{K}_k = \boldsymbol{P}_{k/k-1} \boldsymbol{H}_k^{\mathrm{T}} (\boldsymbol{H}_k \boldsymbol{P}_{k/k-1} \boldsymbol{H}_k^{\mathrm{T}} + \boldsymbol{R}_k)^{-1} = \boldsymbol{P}_k \boldsymbol{H}_k^{\mathrm{T}} \boldsymbol{R}_k^{-1} \tag{5-7}$$

估计均方差方程为

$$\boldsymbol{P}_k = (\boldsymbol{I} - \boldsymbol{K}_k \boldsymbol{H}_k) \boldsymbol{P}_{k/k-1} \tag{5-8}$$

实现算法与流程如图 5 - 5 所示，其中 $\bar{\boldsymbol{X}}_k$ 表示状态预测估计，$\hat{\boldsymbol{X}}_k$ 表示卡尔曼滤波值，$\bar{\boldsymbol{P}}_k$ 表示预测状态协方差阵，$\hat{\boldsymbol{P}}_k$ 表示滤波误差协方差阵。

在本小节的具体实现中，首先建立以惯性导航系统误差和 GNSS 误差为基础的组合导航系统状态方程，并在导航系统误差方程的基础上建立组合导航系统的测量方程。取组合导航系统各状态的误差量作为滤波器的状态向量，其中包括惯性导航系统速度误差、位置误差、平台角误差、陀螺仪误差和加速计误差，以及卫星导航系统速度误差、位置误差。取 GNSS 用户测量得到的 3 个位置分量、3 个速度分量和 3 个姿态分量与 INS 测量得到的相应值相减，形成 9 维观测向量。采用卡尔曼滤波器为惯性导航系统误差提供最小方差估计，然后利用这些误差的估计值去修正惯性导航系统，减少导航误

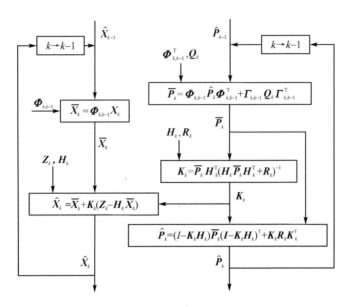

图 5 - 5　位置、速度组合滤波算法流程

差。同时,经过校正后的惯性导航系统又可以提供导航信息,以辅助 GNSS 提高其性能和可靠性。

2. 连续位置姿态预测计算

由于连续视景显示的更新率至少要达到 25 f/s,而无论是卫星导航还是 INS 提供位置姿态数据的更新率远远小于此要求,因此在新数据到达之前需要根据当前位置姿态和速度信息预测得到近似连续的位置姿态数据。

通常低空飞行器的运动可以认为是在三维空间里的运动,采用东北天-笛卡儿直角坐标系,低空飞行器的位置就可以由东向、北向、高度位置坐标(X,Y,Z)来描述,如图 5-6 所示。

在 t_0 时刻,低空飞行器的起始位置为(x_0,y_0,z_0)。在 t_n($n \geq 1$)时刻,其位置(x_n,y_n,z_n)计算如下:

$$\begin{cases} x_n = x_0 + \sum_{i=1}^{n-1} d_i \cos \gamma_i \sin \alpha_i \\ y_n = y_0 + \sum_{i=1}^{n-1} d_i \cos \gamma_i \sin \alpha_i \\ z_n = z_0 + \sum_{i=1}^{n-1} d_i \sin \gamma_i \end{cases} \quad (5-9)$$

式中

$$\alpha_i = \alpha_0 + \sum_{i=1}^{n-1} \Delta \alpha_i$$

$$\gamma_i = \gamma_0 + \sum_{i=1}^{n-1} \Delta \gamma_i$$

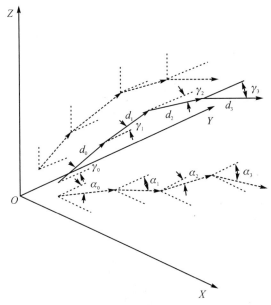

图 5-6 位置姿态预测

d_i 为 t_i 到 t_{i+1} 时刻低空飞行器的航程;α_i 为 t_i 时刻低空飞行器的航向角(和北方向的夹角);$\Delta\alpha_i$ 为 t_i 到 t_{i+1} 时刻低空飞行器航向的变化量;γ_i 为 t_i 时刻低空飞行器的俯仰角(和水平方向的夹角);$\Delta\gamma_i$ 为 t_i 到 t_{i+1} 时刻低空飞行器俯仰角的变化量。

5.2.2 视点计算

视点计算用于设置虚拟照相机的位置和姿态,即设置观察坐标系。

1. 舱内视点计算

舱内视角显示的视点位置理论上与低空飞行器位置接近,相机姿态与低空飞行器姿态一致。XYZ 为大地坐标系,$X_t Y_t Z_t$ 为低空飞行器局部坐标系,$X_v Y_v Z_v$ 为观察坐标系(采用 OPENGL 的左手坐标系),如图 5-7 所示。

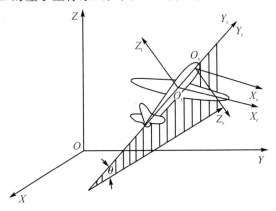

图 5-7 舱内观察坐标系 $O_v - X_v Y_v Z_v$

2. 舱外视点计算

舱外视角显示模式提供在低空飞行器侧上方的观察视图,除了显示从空中俯视的三维动态视景和地理信息外,还能够全面地显示低空飞行器的飞行姿态。其目的是给飞行员提供当前局部飞行范围内的地面视景、目标位置和其他安全信息。因此,观察视点应跟踪低空飞行器位置,并根据低空飞行器位置参数偏移固定值设定虚拟相机,观察方向指向低空飞行器,观察平面与地图坐标一致(即正北为向上方向)。在低空飞行器飞行过程中,视点位置发生相同的平移运动,相机姿态基本保持不变,如图 5-8 所示。

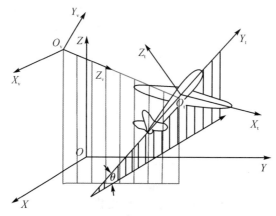

图 5-8 舱外观察坐标系 $O_v - X_v Y_v Z_v$

3. 公共视点计算

公共视角显示模式以固定视点和视角提供对整个作战区域的全局视图,便于飞行员及时掌握全局态势。其视点位置为整个作战区域的中心,默认视点高度以能在屏幕区域显示整个作战区域为宜,视点方向指向地心(垂直于地面)。o 为当前作战区域中心点,oz 轴沿当地地理垂线的方向,O_v 为位于 oz 轴上 4 000 m 处某点,观察方向指向地心 O,使得观察剪裁后屏幕能显示整个作战区域。ox 轴与 oy 轴在当地水平面内沿当地经线和纬线的切线方向,观察坐标系 O_vX_v 轴与 ox 轴平行,O_vY_v 轴与 oy 轴平行,如图 5-9 所示。

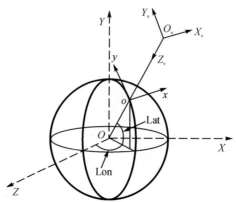

图 5-9 公共观察坐标系 $O_v - X_v Y_v Z_v$

5.2.3 视图显示

1. 坐标变换

在完成视点计算后,视图显示就转换为给定观察坐标的透视投影问题。由于低空飞行器导航信息通常以大地坐标系给出,因此需要转换成地球坐标系。

大地坐标系(B,L,H)是由经度 L、纬度 B 和高度 H 构成的坐标系。纬度是任意点与地球质心的连线与赤道面之间的夹角,以赤道为界,它可分为北纬、南纬,其值为 $0°\sim90°$。经度是任意点与地球质心的连线与子午面之间的夹角,以世界大地坐标系(WGS)的格林威治子午面为界,它可分为东经和西经,其值为 $0°\sim180°$。高度指任意点沿该点与质心连线方向到地球表面的距离。大地坐标系 BLH 如图 5-10 所示。

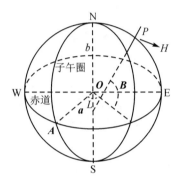

图 5-10 大地坐标系 **BLH**

空间坐标系(O,X,Y,Z),也称地球坐标系。其建立是选取地球质心作为原点 O,以子午线和赤道的交点与质心的连线方向为 OX 轴,以质心到北极的连线方向为 OZ 轴,采取右手坐标系即可定出 OY 轴。空间坐标系 $OXYZ$ 如图 5-11 所示。

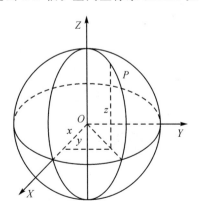

图 5-11 空间坐标系 **OXYZ**

(X,Y,Z)为载体在地球坐标系的坐标,(B,L,H)为载体在大地坐标系的坐标。大地坐标系和地球坐标系变化关系式为

$$\begin{bmatrix} X \\ Y \\ Z \end{bmatrix} = \begin{bmatrix} (N+H)\cos B\cos L \\ (N+H)\cos B\sin L \\ \left[N(1-e^2)+H\right]\sin B \end{bmatrix} \tag{5-10}$$

式中，$N = \dfrac{r}{\sqrt{1-e^2\sin^2 B}}$。

其逆变化为

$$\begin{cases} L = \arctan\left(\dfrac{Y}{X}\right) \\[2mm] B = \arctan\left\{\dfrac{Z(N+H)}{\sqrt{X^2+Y^2}\left[N(1-e^2)+H\right]}\right\} \\[2mm] H = \dfrac{Z}{\sin B} - N(1-e^2) \end{cases} \tag{5-11}$$

式中，N 为卯酉曲率半径；r 为地球长半径，其值为 6 378 137 m；e 为第一偏心率，$e^2 = 0.006\ 694\ 379\ 990\ 13$。

考虑到低空飞行器的飞行特点，通常任务航程为 600～800 km，因此，可以忽略地形偏心的影响，将飞行区域近似认为是平面，在不影响精度要求的前提下降低坐标转换的计算。设 (X,Y,Z) 为载体在地球坐标系的坐标，(B,L,H) 为载体在大地坐标系的坐标。转换公式可简化为

$$\begin{bmatrix} X \\ Y \\ Z \end{bmatrix} = \begin{bmatrix} r\cos B\cos L \\ r\cos B\sin L \\ r\sin B \end{bmatrix} \tag{5-12}$$

$$\begin{cases} L = \arctan\left(\dfrac{Y}{X}\right) \\[2mm] B = \arctan\left(\dfrac{Z}{\sqrt{X^2+Y^2}}\right) \\[2mm] H = \dfrac{Z}{\sin B} - r \end{cases} \tag{5-13}$$

低空飞行器姿态由以下三个角度定义：

① 航向角 ψ，即载体纵轴在水平面上的投影与地理子午线之间的夹角，以地理北向为起点沿顺时针方向计算，定义域为 0°～360°。

② 俯仰角 θ，即当载体绕横向水平轴转动时，载体纵轴和纵向水平轴之间的夹角，数值以纵向水平轴算起，向上为正，向下为负，定义域为 −90°～90°。

③ 横滚角 γ，即载体纵向对称平面与纵向铅垂平面之间的夹角，数值从铅垂平面算起，右倾为正，左倾为负，定义域为 −180°～180°。

到低空飞行器空间坐标系的变换矩阵为

$$\boldsymbol{C}_n^b = \begin{bmatrix} \cos\gamma & 0 & -\sin\gamma \\ 0 & 1 & 0 \\ \sin\gamma & 0 & \cos\gamma \end{bmatrix} \begin{bmatrix} 1 & 0 & 0 \\ 0 & \cos\theta & \sin\theta \\ 0 & -\sin\theta & \cos\theta \end{bmatrix} \begin{bmatrix} \cos\psi & -\sin\psi & 0 \\ \sin\psi & \cos\psi & 0 \\ 0 & 0 & 1 \end{bmatrix} =$$

$$\begin{bmatrix} \cos\psi\cos\gamma + \sin\psi\sin\theta\sin\gamma & -\sin\psi\cos\gamma + \cos\psi\sin\theta\sin\gamma & -\cos\theta\sin\gamma \\ \sin\psi\cos\theta & \cos\psi\cos\theta & \sin\theta \\ \cos\psi\sin\gamma - \sin\psi\sin\theta\cos\gamma & -\sin\psi\sin\gamma - \cos\psi\sin\theta\cos\gamma & \cos\theta\cos\gamma \end{bmatrix}$$

$$(5-14)$$

2. 显示内容设计

(1) 舱内视角显示

舱内视角显示模式主要提供与当前飞行姿态完全一致的视景,因此,相对而言,其视野范围较小,不适合显示战场态势等全局信息。当显示其他辅助引导信息时,应转换成适合于第一方视角观察的方式显示。其显示内容与显示方式如表 5-1 所列。

表 5-1 舱内视角显示信息

编　号	显示内容	显示方式
1	飞行航线	以三维飞行管道的形式显示,仅显示预设飞行航线
2	地标	在视景中嵌入三维模型并显示文字标注信息,仅显示当前视野范围内的地标
3	飞行参数	以二维平显的形式显示;叠加显示
4	威胁图	以二维极坐标形式显示目标相对位置
5	地形危险提示	三维视景中叠加半透明图层;语音提示
6	目标危险提示	在威胁图中提示;语音提示
7	偏航危险提示	三维管道闪烁;语音提示
8	静态目标指示	在威胁图中显示
9	多动态目标指示	在威胁图中显示

(2) 舱外视角显示

舱外视角相对舱内视角而言不仅显示范围更大,而且可以看到低空飞行器的姿态和飞行过程。在舱外视角下,可设计显示的信息如表 5-2 所列。

表 5-2 舱外视角显示信息

编　号	显示内容	显示方式
1	低空飞行器姿态	控制三维模型绕三个坐标轴旋转,并叠加坐标轴以显示直观显示姿态
2	飞行航线	以三维曲线显示,用不同颜色和线型表示预设航线与实飞航线,用夹角表示偏航程度
3	地标	在视景中嵌入三维模型并显示文字标注信息,仅显示当前视野范围内的地标
4	飞行参数	以文字形式显示于屏幕左上方
5	威胁图	图符显示;以半透明的三维等值面叠加于视景之上显示威胁度范围
6	地形危险提示	三维视景中叠加半透明图层;语音提示
7	目标危险提示	在威胁图中提示;语音提示
8	偏航危险提示	文字提示;航线闪烁;语音提示
9	静态目标指示	在视景中用图符和文字说明表示
10	多动态目标指示	在视景中用运动图符和文字说明表示

(3) 公共视角显示

公共视角显示模式提供全局态势图,其特点是信息全面,但可能会因为信息过多而使界面显得杂乱。因此,当设计其显示内容时,对危险提示信息均只提供语音提示,所有目标均以固定大小的图符形式表示,即不考虑真实透视投影的比例关系。显示信息如表5-3所列。

表5-3 公共视角显示信息

编 号	显示内容	显示方式
1	低空飞行器	以固定大小的图符显示
2	飞行航线	以三维曲线显示,用不同颜色与线型表示预设航线与实飞航线
3	地标	以固定大小的图符显示
4	飞行参数	以文字形式显示于屏幕左上方
5	威胁图	以二维等值面叠加于视景之上显示威胁度范围
6	地形危险提示	语音提示
7	目标危险提示	用颜色和闪烁图符表示;语音提示
8	偏航危险提示	语音提示
9	静态目标指示	用固定大小的图符和文字说明表示
10	多动态目标指示	用固定大小的运动图符和文字说明表示

5.3 辅助引导信息显示模块

辅助引导信息显示模块主要为导航视景生成与显示模块中的导航视景增加辅助引导信息,包括航线、地标、飞参、威胁图和战场态势,并根据三种视角显示模式的特点提供适合的显示内容与显示方式。其功能结构如图5-12所示。

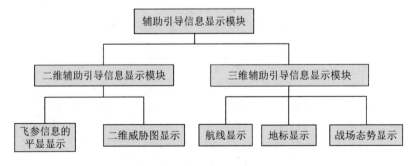

图5-12 辅助引导信息显示模块功能结构

信息流程如图5-13所示。

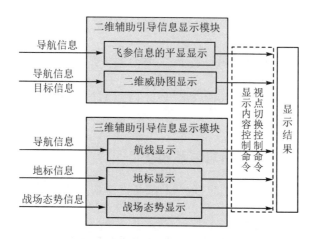

图 5 - 13   辅助引导信息显示模块信息流程

5.3.1   二维辅助引导信息显示模块

二维辅助引导信息是以正射投影的方式被绘制在显示窗口上的,所有信息以矢量图、数字、符号的形式叠加在导航视景之上。

1. 飞参信息的平显显示

类似于低空飞行器平显,以正射投影方式在屏幕上绘制水平仪、高度标尺、速度标尺、航向指示器等。由滚动角参数控制水平仪指针位置,由飞行高度和飞行速度控制高度标尺指针和速度标尺指针位置,由偏航角和俯仰角控制航向指示器的位置。

为保证用户在快速扫一眼的情况下就能获得正确的信息,对高度标尺、速度标尺均采用动态滑动小窗口的设计。低空飞行器的当前高度用一个黑色的指针表示,前两个较大的数字表示千位和百位的值,后两个较小的数字表示十位和个位的值,后两位以数据向上或向下滚动的形式显示,以指示低空飞行器是在上升还是在下降。

2. 二维威胁图显示

二维威胁图以极坐标形式显示飞行范围内可能的目标信息,包括静态目标与动态目标。

(1) 二维威胁图中任务区域显示

在二维威胁图中关注的是目标距离自身的距离和方向,因此,用同心圆来显示二维威胁图。圆心位于屏幕正中心,代表自身位置;用等距的同心圆表示在以自身为中心的不同距离范围的任务区域;圆心角表示与自身的位置关系。

设当前低空飞行器坐标为 (x_t, y_t, z_t),区域划分间隔为 D_{interval},最远显示距离为 D_{max},显示窗口占满整个屏幕,屏幕分辨率为 $W \times H$。

将圆心取在屏幕中心处,即屏幕坐标 $(W/2, H/2)$ 处,以半径为 $\dfrac{H}{2} \times \dfrac{n}{N}$($n$ 为 1~

N 的整数)绘制 N 个同心圆($N = D_{\max} / D_{\text{interval}}$)。

(2)危险目标显示

危险目标 F 以不同颜色的图符表示,实时绘制于如下屏幕坐标处:

$$\left(\frac{W}{2} + \frac{x_{\text{target}} - x_t}{2 D_{\max}} H, \frac{H}{2} - \frac{y_{\text{target}} - y_t}{2 D_{\max}} H \right) \tag{5-15}$$

其中,动态目标位置实时更新。

5.3.2 三维辅助引导信息显示模块

本小节实现了三种视角下航线、地标和战场态势信息的显示。

1. 航线显示

在舱内视角模式下,以等间距的五边形线框组构成的管道显示预设飞行航线,五边形线框平面与大地水平面垂直,其中心点与飞行航线相交。舱内视角航线显示如图 5 - 14 所示。

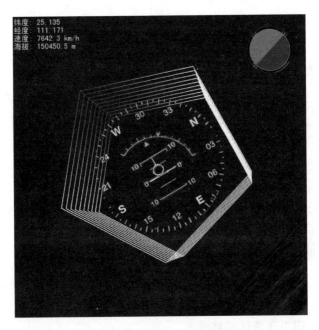

图 5 - 14　舱内视角航线显示

在舱外视角和全局视角模式下,以曲线图形方式绘制预定航线,以条带的形式绘制飞行轨迹,并通过矢量箭头指示偏航角度及距离。在舱外视角模式下预定航线和飞行轨迹采用动态消隐的方式显示,即只显示当前位置下默认长度范围内的航线和轨迹,超出此范围的部分自动消隐。舱外视角航线显示如图 5 - 15 所示。

2. 地标显示及战场态势显示

根据地标的位置信息,将地标的三维模型嵌入三维地理环境中的指定位置,并按当

图 5 - 15　舱外视角航线显示

前的观察坐标绘制,同时显示地标名称和地理坐标。

在舱内视角和舱外视角模式下,对给定阈值范围内的地标加高亮边框显示,以提示用户注意。

在全局视角下,需要对地标模型进行比例缩放,以保证在公共态势图中,所有图标都具有一致的合理的大小,如图 5 - 16 所示。

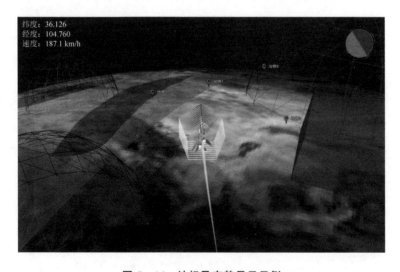

图 5 - 16　地标及态势显示示例

将战场态势信息以二维军标或三维图标的形式标注于全局视景中,如图 5 - 17 所示。

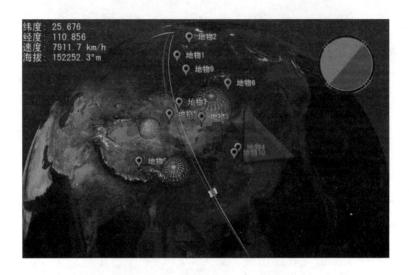

图 5 - 17　全局视角三维辅助引导信息显示示例

5.4　危险预警模块

根据低空飞行器工作阶段以及危险的种类确定不同的告警方式,如颜色增强显示、警戒标识显示、声音提示、屏幕闪烁等。危险预警模块结构如图 5 - 18 所示。

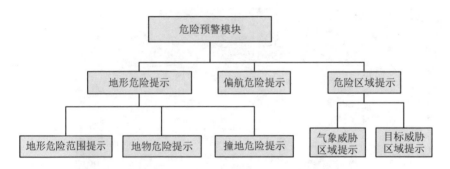

图 5 - 18　危险预警模块结构

信息流程如图 5 - 19 所示。

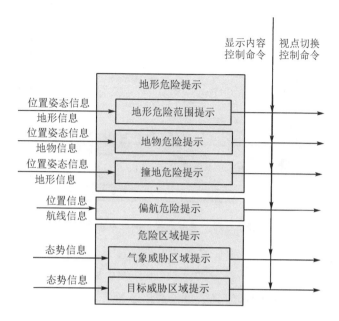

图 5 - 19　危险预警模块信息流程

5.4.1　地形危险提示

地形危险提示包括地形危险范围提示、地物危险提示和撞地危险提示。

1. 地形危险范围提示

设置 4 级地形危险等级及 3 个危险阈值参数,根据飞行航线和飞行高度,对给定航路上距离低空飞行器方圆 10 km 内的地形网格添加一层半透明的预警蒙板。使用4 种颜色来反映 4 个不同的地形危险等级,凡在低空飞行器飞行高度 d_1(默认值为 -150 m)以下的地形显现绿色;在 $d_1 \sim d_2$ 内的地形显现浅黄色;在 $d_2 \sim d_3$ 内的地形显示深黄色;高于 d_3 的地形显现红色。随着低空飞行器的爬升或下降,低空飞行器与地形的间隔不断变化,显示器上地形颜色也随之不断变化。所有危险阈值参数可调,地形危险范围提示示意如图 5 - 20 所示。

2. 地物危险提示

根据低空飞行器的位置、速度和飞行姿态,对 180 s(参数可调)内可到达的范围进行扫描,半径 $r_{dw} = v \times 180$。若存在危险地物(如电线、高楼等),则启动语音预警提示,在舱外和公共视角模式下,在该地物所在地理位置嵌入预警标识并闪烁预警。

3. 撞地危险提示

根据低空飞行器位置、速度和飞行姿态,计算潜在的撞地危险,即以当前飞行参数,计算到达最近障碍的飞行时间;根据低空飞行器的下降率及低空飞行器的高度和地形的高度差,依据下降率设定的阈值对低空飞行器进行告警。按照危险等级,以警戒标

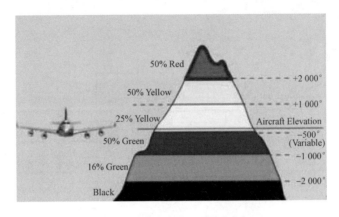

图 5 - 20　地形危险范围提示示意

识、屏幕闪烁和语音三种形式告警。在预计发生碰撞 t_1（参数可调）时刻在可能的碰撞区域标注红色三角形警示标识，提醒注意；在预计发生碰撞 t_2（参数可调）时刻危险区域标识闪烁，并弹出"地形预警"的文字警告及语音警告，提醒驾驶员采取措施；在预计发生碰撞 t_3（参数可调）时刻发出"拉起！拉起！"的文字警告和升级的语音警告。在威胁状态解除后警告取消。

危险级别、参数及相应预警方式由用户定制。

为了让低空飞行器撞地危险的阈值设定有所依照，采用基于系统性能（System Operating Characteristic，SOC）曲线的告警阈值设置方法。设定安全高度 h_1（即必须在安全区域上方 h_1 处才认为是安全的），如图 5 - 21 所示。

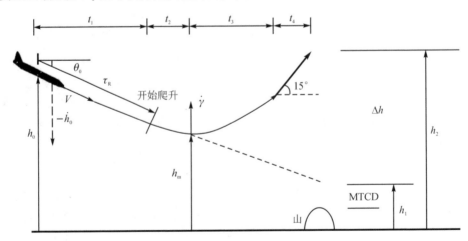

图 5 - 21　告警阈值示意

根据低空飞行器的速度 V 和航迹角 θ_0 可以分别得到低空飞行器的水平速度 V_l 和垂直下降率 V_h。设低空飞行器 t 时刻的垂直速度为 $v(t)$，高度为 $h(t)$，水平距离为 $l(t)$，则在反应延迟阶段，有

$$\begin{cases} v(t) = V_h t \\ h(t) = h_0 - V_h t \\ l(t) = l_0 + V_l t \end{cases} \qquad (5-16)$$

在拉升逃逸阶段,航迹角从最初的 θ_0 变为 0,再变成 θ_1,设航迹角变化率为 $\dot{\theta}$,则此阶段经历的时间为 $t_{pull} = (\theta_0 + \theta_1)/\dot{\theta}$,此阶段的模型可以描述为

$$\begin{cases} v(t) = V\sin(\theta_0 - \dot{\theta}t) \\ h(t) = h_0 - V_h t_{delay} - \int_{t_{delay}}^{t} v(t)\,\mathrm{d}t = h_0 - V_h t_{delay} - \int_{t_{delay}}^{t} V\sin(\theta_0 - \dot{\theta}t)\,\mathrm{d}t \\ l(t) = l_0 + V_l t_{delay} + \int_{t_{delay}}^{t} V\cos(\theta_0 - \dot{\theta}t)\,\mathrm{d}t \end{cases}$$

$$(5-17)$$

在稳定保持阶段,低空飞行器以固定的航迹角 θ_1 爬升,此阶段的模型可以描述为

$$\begin{cases} h(t) = h t_{pull} + V\sin\theta_1 \\ l(t) = l t_{pull} + V\cos\theta_1 \end{cases} \qquad (5-18)$$

采用基于系统性能(System Operating Characteristic,SOC)曲线的告警阈值设置方法,综合考虑虚警和漏警对系统的影响,得到不同状态下最优的告警阈值点。将正常航迹运行遭遇危险区域和规避航迹运行进入危险区域转化为概率,比较两者的概率来确定相应的告警阈值。

在系统的每个状态中都实时地有 $P(CD)$ 和 $P(FA)$ 这两个参数,通过这两个参数的值可以绘出告警系统告警性能图。告警系统性能参数如图 5-22 和图 5-23 所示。

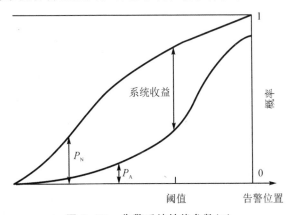

图 5-22　告警系统性能参数(1)

P_N:正常轨迹下发生事故的概率。

P_A:规避轨迹下发生事故的概率。

$P(CD)$:告警成功率,即在告警后未进入危险区域的概率。

$P(FA)$:误告警率(在不该告警的地方触发了告警),指即使在此告警点不改变轨迹也不会进入危险区域的概率。

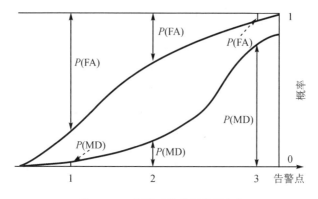

图 5 - 23　告警系统性能参数(2)

$P(\text{MD})$:告警失败率,即在告警后仍然进入了危险区域的概率。

$P(\text{CR})$:正确反应率,即在不该告警的时候没有告警的概率。

任何告警系统都希望 $P(\text{CD})$ 接近 1,即告警成功率达到 100%;同时将误告警率降为 0。由于很多不确定因素的存在,这两种情况很难同时实现,因此在实际情况中只能权衡好这两项指标的大小,以得到相对理想的阈值点,如图 5 - 24 所示。

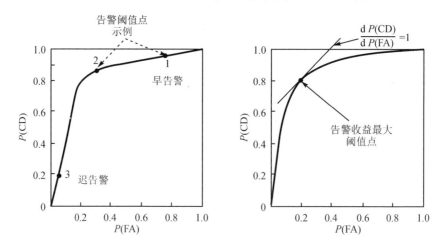

图 5 - 24　告警收益最大阈值点

系统告警收益率为

$$P = P(\text{CD}) - P(\text{FA}) \tag{5-19}$$

如图 5 - 24 所示可以直接得到告警收益最大的告警点,反映在 SOC 曲线上,其几何意义是曲线切线斜率为 1 的点。无论是告警性能曲线还是 SOC 曲线,都能得到以下三个参数:告警成功率 $P(\text{CD})$、误告警率 $P(\text{FA})$ 以及系统告警收益率 P。

根据不同的告警需求甚至可以确定预期的参数个数,例如,在对告警成功率要求最高的系统中,甚至可以只关注告警成功率,误告警率以及系统告警收益率仅作为参考,即该告警阈值点性能指标选取原则为:告警成功率 $P(\text{CD}) > 0.95$。在需要权衡告警成功率、人机交互等多因素的系统中,则需要同时关注两个指标或者三个指标,告警阈值点性能指标选取原则为:告警成功率 $P(CD)>0.85$、误告警率 $P(FA)<0.2$、系统告警收益率 P 取最大值。由于不同的性能指标对应不同的告警阈值点,因此可根据实际中不同的情况和环境事先确定性能指标选取原则。

5.4.2 危险区域提示

危险区域提示包括气象威胁区域提示和目标威胁区域提示。

1. 气象威胁区域提示

战场态势信息中关于气象威胁区域信息的描述为一系列构成闭合曲线的点,描述战场空间中气象威胁区域的水平范围,需要转换成三维空间中的立体区域。

大气威胁区域主要是指由恶劣气候条件造成的低空飞行器不能穿过的区域,用半球面体近似表示大气威胁的影响区域,它在低空飞行器的飞行高度上的水平截面是个圆周。d_{Cmax} 和 d_{Cmin} 分别表示气候影响区域的最大半径和气候影响区域最恶劣中心半径,设低空飞行器距离大气威胁中心的距离为 d_C,对 180 s(参数可调)内可到达的范围进行扫描。当低空飞行器与大气威胁区域的距离 d_C 小于 d_{Cmax} 时,发出"caution"警告;当低空飞行器与大气威胁区域的距离 d_C 小于 d_{Cmin} 时,发出"warning"警告。

2. 目标威胁区域提示

战场态势信息中关于目标威胁区域信息的描述为目标位置及威胁范围,需要转换成三维空间中的包络。这里考虑的目标威胁主要有高炮威胁、导弹威胁、雷达威胁。

根据低空飞行器当前的位置、速度,实时计算与各危险目标之间的相对位置和相对方向,对进入预警范围内的目标进行语音预警和闪烁预警。预警提示的内容为目标名称、相对方向、距离。

(1) 高炮威胁

高炮通常配有 360° 旋转炮塔,其上安装有火控系统和武器模块。因此,在一定的初速度下,炮弹弹道包络面所包围的空间就是高炮的最大射击范围,即最大射击空域,如图 5 - 25 所示。其最远射击范围称为最大射程 d_{Amax},最高点对应的高度称为最大射高 h_{Amax}。

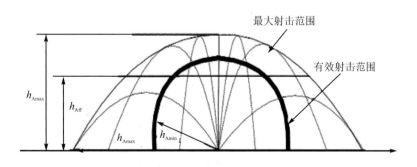

图 5 - 25 高炮威胁范围

143

扫描飞机未来 180 s 可到达的范围,若到达的范围在最大射程 d_{Amax} 内,即发出"caution"警告,若到达的范围在有效射击范围 d_{Amin} 内,即发出"warning"警告。

（2）导弹威胁

防空导弹的杀伤区可近似为腰鼓形,水平横截面为圆周,该圆周的半径是高度的函数,并且在某一高度上存在最大的半径。杀伤区是防空导弹的一个重要作战综合性能指标。在杀伤区内,导弹杀伤目标的概率不低于某一给定值,如 0.9,近乎为 1。若不在杀伤区内,则导弹杀伤目标的概率主要与二者之间的距离有关,如图 5-26 所示。

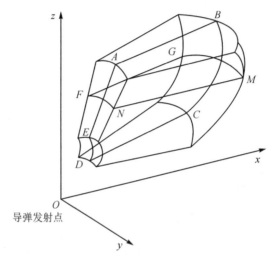

图 5-26　导弹威胁范围

垂直平面杀伤区的主要参数如图 5-27 所示。

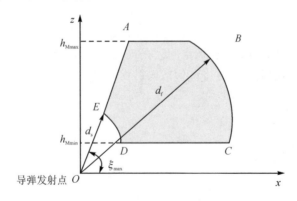

图 5-27　导弹威胁垂直剖面

低空飞行器借助地形遮蔽的作用,飞行高度相对较低,不超过导弹的有效射高,因此,在该模型中不考虑高度的影响,对模型做近似简化处理。由于当 $d_M = d_{Mmin}$ 时,低空飞行器被导弹杀伤的概率为 1,因此低空飞行器无法进入 $d_M < d_{Mmin}$ 的区域,因为在进入之前,低空飞行器就被击落了。扫描低空飞行器未来 180 s 可到达的范围,若低空飞行器到达的范围在 d_f 之内,则直接显示"warning"警告提示。

（3）雷达威胁

雷达探测是低空突防威胁最大的一种探测威胁。其探测特性受周围环境影响较大,考虑各种因素,精确描述雷达的探测特性非常复杂。为了简化模型,假设雷达信号在所有方向上相同,而且满足雷达信噪比:

$$\frac{S}{N}=\frac{P_{\mathrm{t}}G_{\mathrm{r}}G_{\mathrm{t}}P\sigma\lambda^2}{(4\pi)^3KL_{\mathrm{m}}B_{\mathrm{n}}T_{s}d_{\mathrm{R}}^4}\tag{5-20}$$

对于天线无法 360°扫描的雷达来说,其扫描范围可以近似看作扇形。能覆盖到的区域为$-\theta_{\mathrm{R}}\sim\theta_{\mathrm{R}}$,即未形成全方位探测。$h_{\mathrm{R}}$ 表示低空飞行器相对于雷达的高度;d_{Rmax}和 d_{Rmin} 分别表示雷达最大探测半径和雷达保证探测距离;α_{Rmin} 表示雷达最小探测仰角。扫描低空飞行器未来 180 s 可到达的范围,若在雷达最大探测范围之内,则发出"caution"警告;若在雷达保证探测距离范围之内,则发出"warning"警告。危险区域包络显示示例如图 5-28 所示。

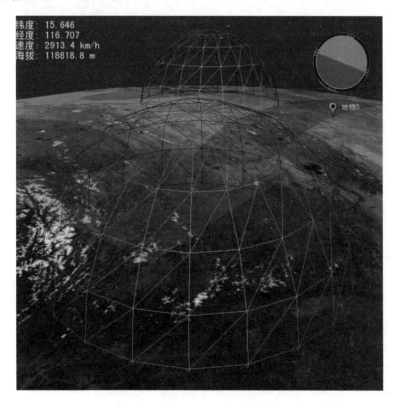

图 5-28　危险区域包络显示示例

5.4.3　偏航危险提示

实时将实际航迹与预定三维航线进行匹配计算,当实际航迹偏离预定航线超过给定阈值时,启动偏航预警。设低空飞行器当前坐标为 A,把 WGS-84 坐标转化成空间直角坐标,在短航程内可以把低空飞行器的航迹近似看成是直线,根据低空飞行器的位置及速度方向,可以得到低空飞行器实际航行的轨迹,计算低空飞行器 180 s 后的飞行位置坐标为 B,计算该坐标到原航线的偏航距,若偏航距大于设定的阈值,则显示文字提示、语音警告并将航线闪烁来告警,如图 5-29 所示。

图 5-29 偏航预警示例

5.5 目标指示模块

目标指示模块主要是在导航视景中增加对非合作目标的指示信息,包括静态目标指示和多动态目标指示,并根据三种视角显示模式的特点提供适合的显示内容与显示方式。同时,组织管理和维护目标信息数据库。

目标指示模块的功能结构如图 5-30 所示,信息流程如图 5-31 所示。

5.5.1 目标组织管理

目标组织管理为后台管理,用于录入和管理目标信息。

目标分为五类:重要建筑物、非合作空中目标、非合作地面目标、非合作水面目标、非合作防空设施。数据结构如表 5-4 所列。

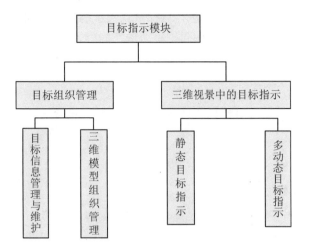

图 5 – 30 目标指示模块功能结构

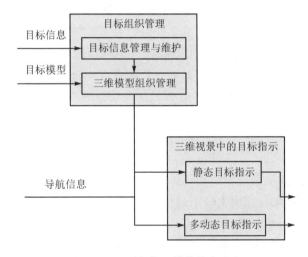

图 5 – 31 目标指示模块信息流程

表 5 – 4 目标数据数据结构

字 段	类 型
目标类型	int
目标编号	long
子目标编号	long
目标名称	char
等级	int
地理位置	point
重要信息	string
三维模型	file

按类别-目标-子目标三级层次进行目标信息数据的组织管理,实现对目标名称、等级、位置及其属性参数等信息的更新和维护功能。同时,按目标编号和子目标编号关联相应的目标三维实体模型,提供对三维模型的标准化转换、批量导入、模型更新和维护等功能。

5.5.2　三维视景中的目标指示

对于舱内视角,主要以二维威胁图的形式进行目标指示。对于舱外视角和公共视角,以在三维视景中嵌入二维军标或三维目标模型的形式指示。

1. 聚合与解聚

在三维视景中当目标多到一定数量时,在有限的显示屏幕上显示所有的目标会出现一些目标重叠的现象。即使不重叠在一起,由于目标过多,远远地超出了人的理解和概括能力,也使画面显得凌乱,达不到希望的目的,因此削弱了可视导航的优势。本小节采用聚合与解聚的方法实现层次显示控制,在不同观察距离展现适当的内容。

首先对目标设置类型属性,综合考虑目标的类型、隶属关系和地理位置,建立目标层次关系。然后根据视点位置通过层次 Roll - up 和 Drill - down 的操作控制目标的显示。

层次 Roll - up 和 Drill - down 操作的目的是按照数据集合的一个层次链上下浏览具有不同详细程度的数据集合,如图 5 - 32 所示。在执行层次 Roll - up 和 Drill - down 之前,需要指定数据集合的一个层次链,并定义一个控制浏览的层次游标。层次游标定义为 Hcs=(Hlayer,Layer,Hpointer)。其中,Hlayer 是层次链,表明层次 Roll - up 和 Drill - down 操作所遵循的层次结构;Layer 是游标所在层的标识;Hpointer 是指针,指向目前要浏览的数据集合在层次链中的位置。层次 Roll - up 和 Drill - down 操作返回 Hpointer 指针对应的数据集合,层次 Roll - up 和 Drill - down 操作可以执行多次。每次执行完 Roll - up 操作,Hpointer 沿 Hlayer 指定的层次链向上滚动一层;每次执行完 Drill - down 操作,Hpointer 沿 Hlayer 指定的层次链向下滚动一层。图 5 - 32 为抽象成的树形结构的层次关系后的 Roll - up 和 Drill - down 示意,当层次游标在目标级时,图上有 28 个目标,一次 Roll - up 以后,到聚合中心一级,即第二层,图上有 7 个目标,以此类推。

设目标 O=(Pos,Layer),其中,Pos 为目标在背景图上的位置;Layer 为目标所在层标识。假设有 n 个目标 Os={$O_1,O_2,\cdots,O_n$},当在某一时刻进行层次 Roll-up 操作时,若游标为(Hlayer,Layer,Hpointer),则聚合后的目标定义为 R=(Fpos,Flayer)。其中,Fpos 为聚合后的目标在背景图上的位置;Flayer 为聚合后的目标所在层标识,亦即处理目标的父节点所在层,游标的 Layer 变为 Flayer,游标的 Hpointer 指向 R_1。当在某一时刻进行层次 Drill-down 操作时,若游标为(Hlayer,Layer,Hpointer),则分散时得到将要处理的目标的子节点位置,游标的 Layer 变为子节点的所在层 Slayer,游标的 Hpointer 指向子节点目标 Spointer。

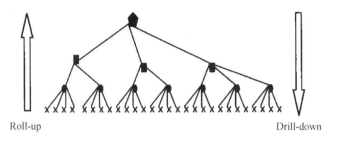

图 5 - 32　层次 **Roll - up** 和 **Drill - down** 示意

2. 目标指示

对于目标信息库中距离当前低空飞行器位置 10 km 以内的静态固定目标,按目标分类,如机场、油库等,调用其相应的典型三维模型,嵌入三维战场环境中的准确地理位置上,同时标注目标名称。当目标被绘制时,加高亮边框特别指示。对于整个航路范围内的距离当前低空飞行器位置 10 km 以外的其他静态固定目标,用蓝色文字标签加导引线的方式进行指示。

动态目标显示方式类似于静态目标,但不参加聚合与解聚。

5.6　视景导航交互控制模块

视景导航交互控制模块为视景导航与目标指示子系统的控制中心,负责控制导航信息的分层显示,其功能对应于屏幕两侧的导航操作按钮。模块结构如图 5 - 33 所示。

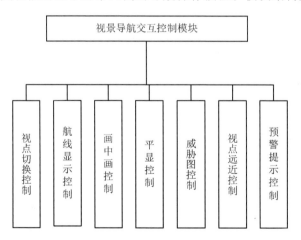

图 5 - 33　视景导航交互控制模块结构

① 视点切换控制:控制舱内视角、舱外视角及公共视角间切换。
② 航线显示控制:显示/关闭航线。

③ 画中画控制:以画中画形式显示/关闭公共视角视图。

④ 平显控制:显示/关闭二维平显。

⑤ 威胁图控制:显示/关闭威胁图(包括多动态目标)。

⑥ 视点远近控制:切换远视点/近视点。

⑦ 预警提示控制:显示/关闭预警提示。

第 6 章　视景导航仿真系统

在第 2~5 章的基础上,本章将介绍利用 Qt、GDAL 等开源工具或库,开发一套基于卫星信息的飞行辅助引导及目标指示原型系统,设计各子系统及其互联和图形界面,用于集成关键技术并开展演示验证。

6.1　概　述

视景导航仿真系统能够集成展示高分辨率卫星影像、高程、矢量等地理数据,支持多种文件格式的三维模型、图像等数据,能够接收飞行模拟子系统的模拟导航信息,读取航线规划子系统的航线规划信息和威胁信息,并综合导航信息、航线规划信息和威胁信息进行直观有效的目标指示和组合导航。

仿真系统基本架构如图 6-1 所示。系统由硬件平台和软件系统组成。其中,硬件平台主要包括低空飞行器模拟器和交互式显示设备,低空飞行器模拟器用于向飞行辅助引导系统提供基本的导航信息与飞参信息,飞行辅助引导系统还将预装执行飞行任务过程中所需的地理信息;交互式显示设备用于实现态势感知、参数显示、辅助导航、场

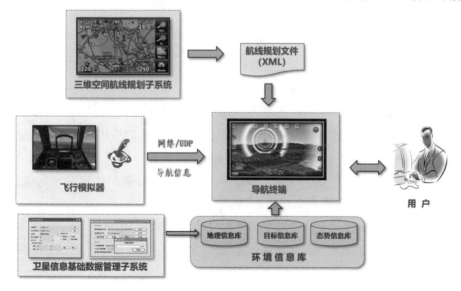

图 6-1　仿真系统基本架构

景再现、状态警示等基本的信息指示功能。软件系统由四个子系统组成,分别是卫星信息基础数据管理子系统、高动态飞行条件下多视点的三维飞行环境实时仿真与表现子系统、三维空间航线规划子系统和视景导航与目标指示子系统。

仿真系统的主要功能如图 6-2 所示,主要包括:

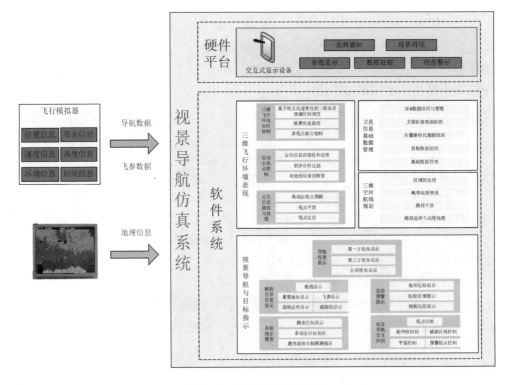

图 6-2　仿真系统功能框架

① 高分辨率地理数据显示。支持高分辨率卫星影像、高程、矢量等地理数据的显示,并支持随视点距离多分辨率显示地理数据。

② 场景操作。支持三维场景的缩放、平移、旋转等操作。

③ 规划航线加载与显示。支持三维航线规划子系统规划结果文件的加载、解析与显示。

④ 导航信息接收与低空飞行器三维显示。支持对飞行模拟器模拟导航信息的接收和低空飞行器模型的正确显示。

⑤ 典型目标三维显示。支持对多类典型目标的三维模型显示。

⑥ 威胁区域的三维显示。支持对危险气象、危险区域、危险地形、防空导弹范围等威胁区域的三维显示。

⑦ 飞参信息的二维显示。支持对飞行位置、速度、姿态等飞行信息的二维显示。

⑧ 预警信息的二维显示。支持对撞地预警、坡度急剧变化预警的二维显示。

⑨ 目标指示信息的二维显示。支持以目标平面雷达方式的目标二维指示。

⑩ 偏航指示。支持以三维箭头的方式对偏航的方向进行指示。

⑪ 多视角集成显示。支持舱内、舱外和公共视图的快速切换。

⑫ 基于硬按钮面板的人机交互控制。支持便捷的硬按钮式人机交互操控。

6.2 卫星信息基础数据管理子系统

为保障视景导航与辅助引导信息的全面、完整、准确、有效，必须及时根据任务更新飞行范围内的各类卫星信息及目标信息。卫星信息基础数据管理子系统可在后台单独运行，旨在为系统提供加载、管理所需的各类信息，主要包括飞行范围内的 DEM 数据、多分辨率卫星影像数据、矢量数据、目标数据。卫星信息基础数据管理与显示如图 6-3 所示。

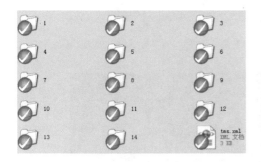 

(a) 瓦片文件管理　　　　　　　　(b) 基础数据显示

图 6-3　卫星信息基础数据管理与显示

6.3 实时仿真与表现子系统

6.3.1 系统界面

实时仿真与表现子系统包括 PC 使用、硬按钮面板使用两种模式。

PC 使用模式界面如图 6-4 所示。它由标题栏、菜单栏、工具栏、列表栏和主场景等部分组成。

硬按钮面板使用模式界面如图 6-5 所示。它包括视点左右控制、航道信息控制、视点远近控制、水平威胁地形、屏显信息控制、垂直威胁地形、飞行姿态信息显示、危险目标显示、视点俯仰控制、多视角控制、高度/速度显示等要素。

图 6 - 4　PC 使用模式界面

图 6 - 5　硬按钮面板使用模式界面

6.3.2　高分辨率地理数据显示

地理数据包括卫星影像、高程和矢量数据,其中卫星影像支持 bmp、jpg、tif、png、tga、rgb 等图像格式,高程数据是包含地理信息的 tif 格式文件,矢量数据是标准的

shapefile 文件格式数据。在启动三维展示系统后，切换到"视点"列表框，双击目标节点会显示高分辨率的目标地区卫星影像和地形高程(见图 6 - 6)，双击"中国全景"节点会显示全国卫星影像、地形高程和国界矢量数据。

图 6 - 6　显示高清卫星影像和地形高程

要加载自定义的卫星影像、高程和矢量数据，可在系统安装目录下的 startup. earth 文件中添加如下数据进行加载。

(1) 加载卫星影像

```
<image name =."imglayer" driver = "osg">
    <url>卫星影像文件路径</url>
    <profile>
        <srs> + proj = longlat  + ellps = WGS84  + datum = WGS84</srs>
        <xmin>140.9289</xmin>                //卫星影像覆盖区域的最小经度
        <xmax>141.0586</xmax>                //卫星影像覆盖区域的最大经度
        <ymin>37.4003</ymin>                 //卫星影像覆盖区域的最小纬度
        <ymax>37.4489</ymax>                 //卫星影像覆盖区域的最大纬度
    </profile>
</image>
```

（2）加载高程数据

```
<elevation name = "elevationlayer" driver = "gdal">
    <url>高程数据文件路径(支持文件夹模式)</url>
</elevation>
```

（3）加载矢量数据

```
<overlay name = "vectorlayer" driver = "feature_geom">
    <features name = "cities" driver = "ogr">
        <url>矢量数据 shapefile 文件路径</url>
        <convert type = "line" />
    </features>
    <styles>
        <style type = "text/css">
            world {
                    stroke: #ffff00;      //矢量数据线颜色
                    stroke - opacity: 1.0; //矢量数据线透明度
                    stroke - width: 5.0;   //矢量数据线宽
            }
        </style>
    </styles>
</overlay>
```

6.3.3　场景操作

场景操作提供了鼠标对三维场景漫游的支持,包括平移、旋转和缩放等。

① 平移操作,通过按住鼠标左键拖动鼠标实现。

② 旋转操作,通过按住鼠标中键拖动鼠标实现。

③ 缩放操作,通过滚动鼠标中键实现。

④ 场景任意位置缩放,双击鼠标左键场景放大,双击鼠标右键场景缩小。

⑤ 可以通过场景右上角的场景控制器进行场景的平移、旋转和缩放操作。

6.3.4　规划航线加载与显示

规划航线加载与显示提供了对三维航线规划子系统规划航线的读取、解析和显示。具体操作是:单击"文件"→"打开"菜单项,或者单击工具栏中的"打开"按钮,弹出加载模型对话框,选择规划航线文件(后缀为 xml),单击"打开",即可以载入规划航线信息。航线以线段和安全圆状管线的方式进行显示,如图 6 - 7 所示。

图 6-7　规划航线显示

6.3.5　导航信息接收与低空飞行器三维显示

该模块提供了低空飞行器的位置与姿态根据模拟导航信息的正确三维显示,如图 6-8 所示。具体操作是:

图 6-8　显示低空飞行器三维模型

① 在 PC 使用模式下按"1"键,在硬按钮面板使用模式下按舱外键。
② 飞行模拟子系统处于导航信息发送状态。

6.3.6　飞行模拟

飞行模拟子系统利用飞行模拟器提供模拟的导航信息,如图 6-9 所示。系统的主要功能包括飞行条件设置、模拟飞行、导航信息发送等。

系统提供基本的飞行条件设置功能,包括气象条件设置、时间设置等。可以利用通用的游戏手柄对飞行进行操控。通过打开多功能显示器,提供模拟的导航信息发送。模拟显示地形地貌如图 6-10 所示。

模拟显示目标三维模型如图 6-11 所示。

图 6-9 飞行模拟子系统界面

图 6-10 模拟显示地形地貌

图 6-11 模拟显示目标三维模型

模拟显示低空飞行器外形与座舱如图 6－12 所示。

图 6－12 模拟显示低空飞行器外形与座舱

显示过程中进行自适应平滑处理，如图 6－13 所示。

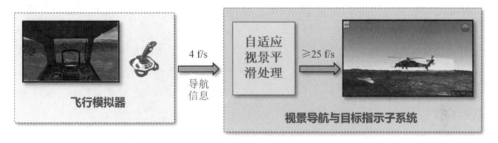

图 6－13 自适应平滑处理

6.3.7 飞行仿真

在加载完航线的前提下，可执行低空飞行器沿航线飞行的仿真。仿真过程中低空飞行器在二、三维态势图中的位置状态如图 6－14 所示。在默认情况下，仿真过程中低

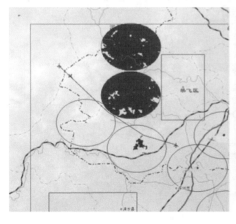

图 6－14 飞行仿真过程

空飞行器在三维态势图中的视点状态为跟踪状态,即视点与低空飞行器保持相对位置关系,伴随飞行。可通过其他菜单选项实现视点跟踪切换。

6.4　三维空间航线规划子系统

　　三维空间航线规划子系统主要用于离线航线规划,包括航线规划、二维显示、三维显示等功能。航线规划主要包括数据预处理、威胁建模、航线自动规划和航线平滑处理等。其中,数据预处理又包括数据插值、升限处理、洼地填平和安全飞行曲面生成等;威胁建模主要包括防空装备、雷达、高炮和气象威胁建模;航线自动规划实现了 A* 算法;航线平滑处理主要包括航线取直、坡度限制、曲率限制等。二维显示的主要功能是将规划出的航线在二维地图上显示出来,主要包括威胁区显示、禁飞区显示、航线静态/动态显示和计算威胁信息显示等。三维显示的主要功能是将规划出的航线在三维数字地球上显示出来,主要包括威胁区显示、禁飞区显示、静态航线显示、动态航线回放(沿航线虚拟飞行)和计算威胁信息显示等。

　　打开"全球影像图.mdc"文件后,可新建、打开和保存地图文件,也可通过连接数据库的方式接入地理信息数据库,还可对地图中的图层和布局进行增、删、改等修改操作,实现对二维、三维窗口切换功能。还可以进行参数设置、加载或卸载威胁区、航线规划、视点跟踪等操作。例如,加载禁飞威胁区后,生成的威胁会以红色显示,如图 6-15 所示。通过点击鼠标即可规划航线,并且在图中显示设置的规划点的坐标和航线,如图 6-16～图 6-18 所示。

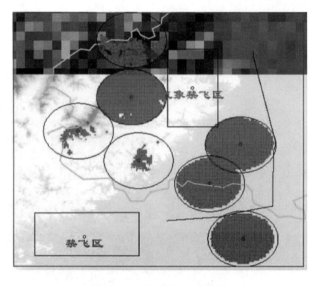

图 6-15　加载禁飞威胁区

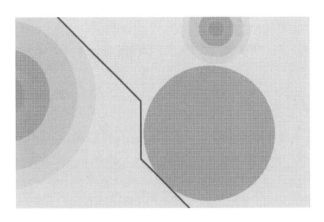

图 6 - 16　航线规划二维显示

图 6 - 17　航线规划三维显示

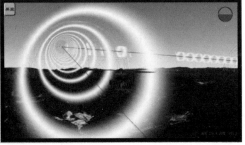

图 6 - 18　航线解析与显示

6.5 视景导航与目标指示子系统

6.5.1 典型目标三维显示

系统根据配置文件对多类典型目标(包括空中目标、地面目标、水面目标、重要建筑物等)进行三维显示。具体操作:

① 利用 builds. txt 文件对固定建筑物目标进行配置,如图 6-19 所示。

```
num:9
ID:1
name:yintai_centre
model:Beijing_Yintai_Centre/Beijing_Yintai_Centre.3ds
pos:39.9575,116.28,73.3911
scale:1,1,1
rotate:0,0,0
ID:2
name:yintai_centre
model:Beijing_Yintai_Centre/Beijing_Yintai_Centre.3ds
pos:39.9132,116.278,59.94
scale:1,1,1
rotate:0,0,0
ID:3
name:yintai_centre
model:Beijing_Yintai_Centre/Beijing_Yintai_Centre.3ds
pos:40.0043,116.25,60.0326
scale:1,1,1
rotate:0,0,0
ID:4
name:tieta
model:tieta.flt
```

图 6-19 标志性建筑物配置

② 利用 Target. xml 文件对固定目标进行配置,如图 6-20 所示。

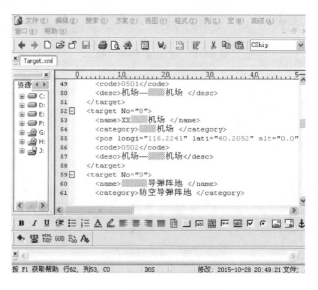

图 6-20 固定目标配置

③ 用鼠标操作,视点漫游至目标地点及周边地区,观察多类目标,如图 6-21 所示。

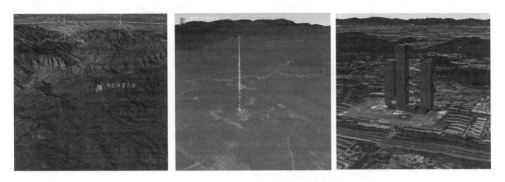

图 6-21　典型目标三维显示效果

6.5.2　威胁区域的三维显示

系统支持对危险气象、禁飞区域、威胁地形、防空区域等威胁区域的三维显示。具体操作步骤如下:

① 利用 Threat.xml 文件对已知威胁区域进行配置,如图 6-22 所示。

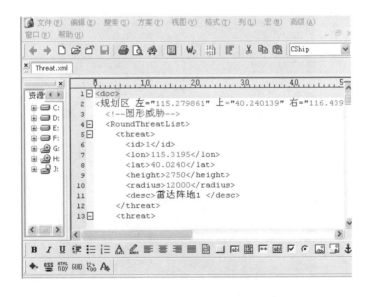

图 6-22　威胁区域配置

② 用鼠标操作,视点漫游至目标及周边地区,观察威胁区域三维显示,如图 6-23 所示。利用不同的颜色提示当前离低空飞行器不同高度的地形。

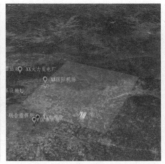

图 6-23　威胁区域三维显示

6.5.3　飞行参数信息的二维显示

系统支持通过文字和平面图标的方式显示当前低空飞行器的基本飞行参数信息，如图 6-24 所示。基本操作如下：

在 PC 使用模式下按 S 键，在硬按钮面板使用模式下按屏显键。其中，左上角显示参数数字，左下角圆盘显示当前低空飞行器的方位角，右下角圆盘显示当前低空飞行器的俯仰角，中间白色圆盘显示当前低空飞行器的方位与偏转角。

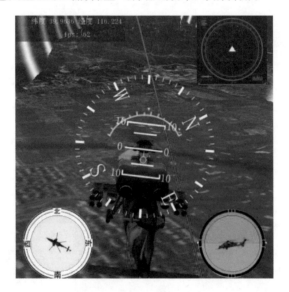

图 6-24　飞行参数信息的二维显示

6.5.4　预警信息的二维显示

系统通过计算低空飞行器在水平和垂直方向上与地形的相对关系提供对撞地预警、坡度急剧变化预警的二维显示，如图 6-25 所示。基本操作如下：

图 6 - 25　预警信息的二维显示

在 PC 使用模式下按 S 键,在硬按钮面板使用模式下按屏显键。当低空飞行器与地形相对距离较近时,通过闪烁和声音提供预警。其中,左下角为水平方向上的防撞预警,右下角为垂直平面上的防撞预警。

6.5.5　目标指示信息的二维显示

系统通过平面雷达图的方式进行二维目标的指示,如图 6 - 26 所示。具体操作如下:

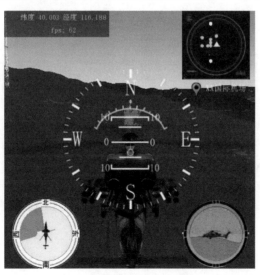

图 6 - 26　目标指示信息的二维显示

① 在 PC 使用模式下按 S 键,在硬按钮面板使用模式下按屏显键,打开屏显。
② 在屏幕右上方雷达图中,采用不同的颜色显示低空飞行器周边的目标信息。

③ 在 PC 使用模式下按 8 和 9 键,在硬按钮面使用模式下按调节雷达距离键,可以调节雷达图中的目标最远探测距离。

危险信息显示如图 6-27 所示,其中,①表示威胁区域,②表示危险气象区域,③表示危险地形区域,④表示危险目标。

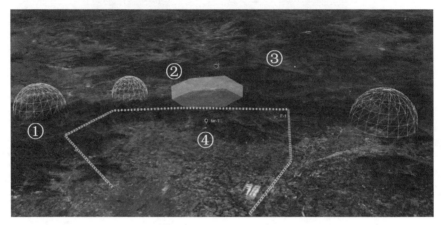

图 6-27　危险信息显示

6.5.6　偏航指示

系统采用在低空飞行器机头以三维箭头的方式对偏航的方向进行指示,如图 6-28 所示。具体操作如下:

图 6-28　偏航指示

① 导入规划航线信息。

② 偏航指示箭头指向最近一段航线的末端。

③ 当低空飞行器在航线安全管道之内时,箭头为绿色;当低空飞行器飞出航线安全管道之后,箭头变为红色。

6.5.7 多视角集成显示

系统提供舱内、舱外、公共、右侧视图的快速切换,如图 6 - 29 所示。

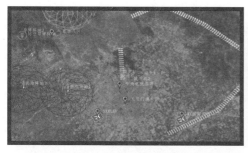 

(c) 公共视角   (d) 右侧视角

(c) 公共视角   (d) 右侧视角

图 6 - 29　多视角集成显示

基本操作如下:在 PC 使用模式下分别单击对应按钮,在硬按钮面板使用模式下按相应的视角键即可以在不同的视角模式下进行快速切换。

6.5.8　基于硬按钮面板的人机交互控制

系统便捷的硬按钮式人机交互操控体验如图 6 - 25 所示。基本操作如下:
① 将计算机外接硬按钮平板显示器,并启动系统。
② 启动 TARGET GUI 工具。
③ 运行已配置好的按钮映射,运行成功后即可操作硬按钮面板。

附　录　符号和缩略语

BG   背景区域(Background)

DEM   数字高程模型(Digital Elevation Model)

DOM   数字正射影像图(Digital Orthophoto Map)

HVS   人类视觉系统(Human Visual System)

LOD   层次细节模型(Levels of Detail)

MSE   均方误差(Mean Square Error)

PSNR   峰值信噪比(Peak Signal to Noise Ratio)

RBMSE   基于感兴趣区域的均方误差(ROI-Based Mean Square Error)

RBPSNR   基于感兴趣区域的峰值信噪比(ROI-Based Peak Signal to Noise Ratio)

ROI   感兴趣区域(Region of Interest)

RSG   规则格网模型(Regular Square Grid)

SPIHT   分层树集合分裂(Set Partitioning in Hierarchical Tree)

SRMM   半规则多分辨率模型(Semi-Regular Multiresolution Model)

TIN   不规则三角网(Triangulated Irregular Network)

参考文献

[1] 朱晓辉,朱永文,王家隆. 低空空域管理与飞行服务保障[M]. 北京:国防工业出版社,2022.

[2] 冯登超. 低空安全与无人机系统导论[M]. 天津:天津大学出版社,2019.

[3] 谁能成为低空经济"第一城"[EB/OL]. [2024-05-21]. https://mp. weixin. qq. com/s/ik4bF37Yywn4OYW2ISkNyw.

[4] 施耐德曼. 朗大鹏等译. 用户界面设计:有效的人机交互策略[M]. 郎大鹏,刘海波,马春光,等译. 6版. 北京:电子工业出版社,2017.

[5] 解放军大批武直夜间起飞训练[EB/OL]. (2017-11-13)[2022-11-24]. http://military. china. com. cn/2017-11/13/content_41883267. htm.

[6] 解放军 10 大新武器或亮相反法西斯 70 周年大阅兵[EB/OL]. (2015-01-27)[2022-11-24]. http://mil. news. sina. com. cn/2015-01-27/0936819614. html.

[7] 袁洪,魏东岩. 多源融合导航技术及其演进[M]. 北京:国防工业出版社,2021.

[8] 王大轶,李茂登,黄翔宇. 航天器多源信息融合自主导航技术[M]. 北京:北京理工大学出版社,2018.

[9] 韩崇昭,朱洪艳,段战胜. 多源信息融合[M]. 3 版. 北京:清华大学出版社,2022.

[10] 喜乐君. 业务可视化分析:从问题到图形的 Tableau 方法[M]. 北京:电子工业出版社,2021.

[11] 贝纳茨,莱勒. 屏幕上的聪明决策[M]. 石磊,译. 北京:北京联合出版公司,2017.

[12] 王小阳,张国强. 军用直升机导航技术[J]. 直升机技术,2022(2):67-72.

[13] 卢鋆,张爽娜,张弓,等. 北斗在天 用在身边[M]. 北京:人民出版社,2023.